Edimatica

PowerPoint 2016

Creare slide
e presentazioni efficaci

Pocket

APOGEO

PowerPoint 2016

A cura di:
Edimatica

Aggiornamento sulla base di: Saverio Rubini, PowerPoint 2013 Pocket, ISBN 978-88-503-3218-2

Socio Unico Giangiacomo Feltrinelli Editore srl
Via Andegari 6 – 20121 Milano
Telefono: 02-725721 Fax: 02-72572500
Email: libri@apogeonline.com
Sito web: www.apogeonline.com

ISBN: 978-88-503-3362-2

Impaginazione elettronica: Edimatica – Milano
Revisione e adattamento: Anna Rizzon
Editor: Fabio Brivio
Copertina e progetto grafico: Enrico Marcandalli

Finito di stampare nel mese di settembre 2017
da Grafica Veneta S.p.A. – Trebaseleghe (PD)

Indice

Introduzione vii

Versioni disponibili vii
Organizzazione dell'opera ix
Finalità x
A chi si rivolge x
Convenzioni utilizzate nel libro x

Capitolo 1 – Ambiente di lavoro 1

Barre dell'interfaccia 1
Barra del titolo 2
Barra di stato 4
Scheda File 5
Informazioni 6
Nuovo 7
Apri 7
Salva e Salva con nome 9
Stampa 9
Condividi 11
Esporta 12
Account 13
Opzioni di PowerPoint 13
Opzioni generali 14
Strumenti di correzione e lingua 15
Salvataggio 18
Impostazioni avanzate 19
Personalizzazione delle barre degli strumenti 20
Barra di accesso rapido 21
Componenti aggiuntivi 22
Centro protezione 22
Modalità di visualizzazione 24
Visualizzazioni di lettura e Presentazione 28

Capitolo 2 – Operazioni di base 29
Creazione di una presentazione 29
Aggiunta di diapositive 31
Organizzazione delle diapositive 33
Inserimento di contenuti 33
  Testi 34
  Disegni e immagini 34
  Grafici 37
  Tabelle 39
  Video 40
  Audio 41
  Altri oggetti 42
Presentazione al pubblico 45

Capitolo 3 – Tecniche e strumenti 47
Manipolazione di oggetti 47
  Spostamento e allineamento 48
  Spostamento tra diapositive 49
Strumenti di lavoro 49
  Oggetti e livelli 50
  Raggruppamento e separazione 51
  Allineamento di oggetti 53
  Rotazione e capovolgimento di oggetti 54
  Ridimensionamento di oggetti 55
  Riempimenti e linee 56
  Effetti 59

Capitolo 4 – Progettazione e strutturazione 63
Temi e modelli 63
  Scelta di un modello 64
  Creazione di un modello 65
  Modifica del tema 66
Strutturazione della presentazione 68
Schemi diapositive 70
  Interventi sui master di diapositive 70
  Altri tipi di interventi 72

Capitolo 5 – Gestione del testo 73
Inserimento di testo 73
  Caratteri normali e speciali 74
Testo e semantica 76
Interventi sul testo 76
  Colore e dimensione del carattere 77
  Dimensioni e formato 80

Tipo di carattere 82
Maiuscole e minuscole 85
Spaziatura dei caratteri 85
Paragrafi e frasi 87
Allineamento e disposizione in colonne 87
Orientamento del testo 89
Allineamento verticale 90
Interlinea e spaziatura 92
Elenchi 93
Gestione degli elenchi puntati 94
Gestione degli elenchi numerati 95
SmartArt 96

Capitolo 6 – Immagini, audio e video 105

Immagini 105
Immagini da file 106
Immagini dal Web 106
Parti della schermata 108
Album di foto 110
Interventi sulle immagini 112
Correzioni: nitidezza, luminosità e contrasto 113
Colore: saturazione e tinte 116
Effetti speciali e artistici 117
Strumenti "tecnici" 118
Ridimensionamento e ritaglio 120
Uso degli stili 120
Audio 122
File audio e controlli 123
Controllo della riproduzione 124
Video 126
Filmati da file 126
Filmati dal Web 126
Controllo del formato 128

Capitolo 7 – Effetti speciali e animazioni 129

Transizioni 130
Effetti di transizione 131
Suoni, durata, modalità 133
Animazioni 135
Percorsi di animazione 136
Animazioni multiple 139
Gestione avanzata delle animazioni 139

Capitolo 8 – Presentazione ... 143

Presentazione a video ... 143
Avvio della presentazione ... 144
Spostamento tra le diapositive ... 146
Strumenti per il relatore ... 148
Visualizzazione Relatore ... 149
Presentazione online ... 150
Presentazioni personalizzate ... 153
Presentazioni automatiche ... 155
Esportazione della presentazione automatica ... 157

Capitolo 9 – Stampa e condivisione ... 159

Organizzazione della stampa ... 159
Cosa stampare ... 160
Intestazioni e piè di pagina ... 163
Condivisione della presentazione ... 164
Condivisione con altri utenti ... 165
Presentazioni e posta elettronica ... 166
Presentazioni e Web ... 167
Condivisione di file in vari formati ... 168
Documenti PDF e XPS ... 171
Creazione di pacchetti ... 174
File per Word ... 176

Introduzione

Nell'era della comunicazione globale, la presentazione di un prodotto, di un servizio o di un evento è un momento importante, nel quale concentrare tutta l'attenzione possibile. Riuscire a rappresentare in modo efficace i punti chiave e le novità relative all'argomento di cui si parla è essenziale per il successo di un'iniziativa, qualunque essa sia.

Nello scenario tipico di una presentazione, c'è un relatore che parla a un gruppo di persone. Per fissare meglio i concetti e favorirne la comprensione, il relatore mostra delle immagini che ne schematizzano i tratti essenziali. In ambienti dove si svolgono riunioni, convegni o corsi di formazione, il sistema più diffuso prevede un computer collegato a un videoproiettore che proietta le immagini su uno schermo di grande dimensioni.

Oggi, grazie alle reti informatiche e, in special modo, a Internet, una presentazione può essere mostrata a un pubblico che può trovarsi dovunque nel mondo. Oltre ai computer, per esplorare il Web esistono anche dispositivi come smartphone, tablet e Smart TV.

Un programma come Microsoft PowerPoint, quindi, non deve essere solo in grado di creare presentazioni multimediali in modo intuitivo, in tempi rapidi e piacevoli nell'aspetto, ma anche di generarle per più tipi di dispositivi. Per avere un programma adeguato alle tecnologie più recenti, poi, sono disponibili funzioni specifiche per chi appartiene a gruppi di lavoro, per chi lavora con schermi sensibili al tocco (*touchscreen*) e per chi utilizza servizi Internet come le reti sociali e il *cloud*.

Versioni disponibili

L'applicazione PowerPoint può essere acquistata sia singolarmente sia all'interno del pacchetto Office, che comprende diverse altre applicazioni tra cui Word, Excel e Outlook.

La versione singola di PowerPoint 2016 può essere acquistata sul sito web di Microsoft all'indirizzo `http://www.microsoftstore.com/` o presso i rivenditori. L'applicazione potrà poi essere installata su un singolo computer.

In alternativa, PowerPoint può essere ottenuto acquistando l'intera suite Office, proposta in svariate versioni da Microsoft. La versione destinata ai privati è chiamata Office Home and Student 2016 e comprende le applicazioni Word, Excel, PowerPoint e OneNote. Tutte le applicazioni possono essere installate su un solo PC. Chi ha necessità di usufruire anche di Outlook può invece scegliere la versione Home and Business, anch'essa installabile su un singolo computer. Alle aziende e ai professionisti è invece dedicata la versione Office Professional che, oltre a Word, Excel, PowerPoint, OneNote e Outlook propone le applicazioni più avanzate Publisher e Access (solo per PC).

La suite Office è da qualche anno ormai disponibile anche in abbonamento: anziché acquistare una singola versione di un'applicazione o della suite pagandone l'intero costo, si corrisponde una tariffa mensile o annuale per usufruire sempre della versione più aggiornata del pacchetto. In pratica, chi ha effettuato in passato la sottoscrizione di Office 365 potrà scaricare PowerPoint e le altre applicazioni della suite Office 2016 non appena saranno rese disponibili da Microsoft, senza pagare alcun costo aggiuntivo.

Anche questa soluzione è disponibile in diverse versioni: Office 365 Personal permette di usufruire di tutte le applicazioni della suite (comprese quindi anche Publisher e Access, per PC), nonché di 1 TB di spazio di archiviazione OneDrive e di 60 minuti mensili di chiamate Skype. Le applicazioni possono essere installate su un singolo PC o Mac e su un tablet compatibile (Android, iOS o Windows).

A un prezzo leggermente superiore è possibile acquistare anche la versione Office 365 Home, che ha tutte le caratteristiche della soluzione Personal, ma permette di installare le applicazioni Office su cinque PC o Mac e cinque tablet. Inoltre, tutti i vantaggi dell'abbonamento possono essere condivisi con altri quattro utenti del nucleo familiare: oltre a poter installare le applicazioni sui loro dispositivi, questi utenti riceveranno anch'essi 1 TB di spazio di archiviazione personale su OneDrive e 60 minuti di chiamate Skype al mese.

Organizzazione dell'opera

Questo libro inizia con una descrizione operativa della struttura dell'interfaccia del programma, a cui segue un'illustrazione delle attività da svolgere per la creazione di una nuova presentazione. La spiegazione delle sequenze di lavoro è strettamente pratica: si parte dalla creazione, si prosegue con la descrizione delle modalità di inserimento dei vari tipi di contenuti, compresi quelli multimediali, e si completa indicando come avviene la presentazione al pubblico in locale e sul Web.

L'argomento successivo riguarda gli strumenti di lavoro. Conoscerli e padroneggiarne le tecniche è fondamentale per riuscire a individuare lo strumento adatto nel momento in cui serve. Si passa poi alla fase di progettazione, nella quale si utilizzano temi e modelli già pronti che aiutano a ottenere risultati professionali nel tempo più breve possibile.

Nel Capitolo 5, dedicato alla gestione del testo, vengono mostrati i diversi tipi di scritte inseribili in una diapositiva. Ogni titolo, paragrafo, elenco puntato o numerato possiede delle proprietà: tipo di carattere, colore, dimensioni, posizione assoluta e relativa nella slide e così via. Assegnando gli attributi corretti, gli utenti che visualizzano le diapositive ne ricavano una sensazione di professionalità e di competenza da parte di chi presenta gli argomenti. Nel capitolo, quindi, se ne parla in modo esteso, mostrando apposite immagini di esempio. In particolare, vengono descritti in dettaglio gli oggetti SmartArt, elementi grafici di grande impatto visivo creati automaticamente a partire da elenchi di voci che diventano schemi, diagrammi, organigrammi, flussi temporali, anche tridimensionali.

Le diapositive gestite con PowerPoint sono multimediali, nel senso che possono contenere immagini fisse e in movimento, filmati, suoni e altri tipi di oggetti di programmazione. Come per il testo, anche le sequenze operative riportate nel Capitolo 6, in cui si parla dell'inserimento di immagini, grafici, audio e video, sono corredate da immagini esplicative delle attività proposte.

Per rendere la riproduzione delle sequenze delle diapositive ancora più gradevole agli occhi degli utenti si può ricorrere ai meccanismi delle transizioni (passaggio da una diapositiva alla successiva) e delle animazioni (relative a oggetti che entrano o escono dalla diapositiva). All'argomento è dedicato il Capitolo 7.

Una presentazione non sarebbe tale se non fosse riprodotta al pubblico. Il successivo capitolo, quindi, è dedicato alla descrizione di modi e funzioni offerti dal programma per visualizzare il risultato del proprio lavoro, a video o sul Web.

Un apposito spazio è destinato alla stampa, termine che in PowerPoint ha un'accezione piuttosto ampia: oltre che su carta, l'output del programma può essere inviato tramite posta elettronica o fax, scritto su CD, generato sotto forma di filmato o pubblicato sui social network o nei siti web.

Finalità

I volumi della collana Apogeo Pocket nascono per fornire indicazioni operative, più che elucubrazioni discorsive aventi per oggetto gli argomenti descritti nelle loro pagine. PowerPoint 2016 si cala perfettamente in questa logica: brevi introduzioni e molte sequenze operative, in modo da fornire soluzioni di tipo pratico e di pronto utilizzo.

Lo scopo del volume, quindi, è rendere il più possibile semplice creare documenti con il programma Microsoft e utilizzarne le caratteristiche funzionali con padronanza. Quando si conoscono le caratteristiche e le risorse di un prodotto software, infatti, si riescono a ottenere documenti completi in minor tempo e con migliore qualità.

A chi si rivolge

La lettura di questo libro è utile sicuramente a chi non conosce le caratteristiche di un programma per la creazione di presentazioni evoluto e versatile come PowerPoint. Anche chi già lo utilizza, però, si troverà a scoprire come sfruttare numerose funzioni al meglio delle loro potenzialità.

Convenzioni utilizzate nel libro

Nel libro sono presenti alcune icone che identificano tipi particolari di informazioni relative agli argomenti trattati.

Suggerimento *Questa icona contrassegna spunti e consigli per risparmiare tempo ed evitare confusione, come per esempio il modo più semplice per eseguire una determinata operazione.*

Nota *Una nota contiene informazioni interessanti, talvolta tecniche, relative all'argomento trattato. Può riportare approfondimenti e curiosità.*

Attenzione *Accanto a questa icona sono riportate indicazioni da non trascurare per evitare le difficoltà in cui gli utenti, soprattutto alle prime armi, possono imbattersi.*

È bene tenere presente anche quanto segue.

- I termini più importanti compaiono in *corsivo* alla loro prima occorrenza nei paragrafi in cui vengono definiti.
- Anche qualsiasi riferimento a elementi dell'interfaccia di lavoro di PowerPoint (schede, pulsanti, comandi e così via) è segnalato in *corsivo*.
- Il percorso da seguire per raggiungere un determinato comando è indicato in questo modo: scheda *File* > *Informazioni* > *Proteggi documento,* dove la prima voce nella sequenza indica il punto da cui partire. Nell'esempio, occorre fare clic con il mouse sulla scheda *File*, cercare e selezionare la voce *Informazioni* e infine fare clic sul pulsante *Proteggi documento*.
- La dicitura "pulsanti" indica le icone che si trovano nelle varie schede della barra multifunzione di PowerPoint e in altri punti dell'ambiente di lavoro; per attivare le funzioni corrispondenti è sufficiente fare clic sui pulsanti con il tasto sinistro del mouse. La dicitura "tasti" indica invece i tasti della tastiera.
- In PowerPoint è possibile attivare velocemente determinati comandi utilizzando delle combinazioni di tasti, dette anche scorciatoie da tastiera. La notazione per queste scorciatoie è nella forma Tasto+Tasto: significa che occorre premere il secondo tasto mentre si tiene premuto il primo. Per esempio, Ctrl+C indica di tenere premuto il tasto Ctrl e premere contemporaneamente il tasto C. Le scorciatoie da tastiera che comprendono tre tasti, per esempio Alt+Maiusc+O, richiedono di tenere premuti i primi due tasti e di premere contemporaneamente il terzo. Se il tasto da premere si trova nel tastierino numerico, la notazione sarà Ctrl+5(tn), dove (tn) sta appunto per "tastierino numerico".

Capitolo 1

Ambiente di lavoro

*L'interfaccia di PowerPoint 2016 non presenta grandi stravolgimenti rispetto alla versione 2013, che risultava invece decisamente evoluta rispetto al passato: all'epoca erano state infatti introdotte le funzionalità per soddisfare le esigenze di chi lavora con dispositivi con schermo sensibile al tocco (*touchscreen*), come gli smartphone e i tablet.*

È comunque sempre utile, per iniziare, riesaminare le diverse funzionalità messe a disposizione dall'interfaccia di questa applicazione, affinché sia facile seguire le spiegazioni esposte nei capitoli successivi.

Barre dell'interfaccia

Nelle evoluzioni subite nel corso degli anni dalla suite Office, oltre all'aumento del numero di funzioni, è stata modificata strutturalmente l'interfaccia dei programmi: dai canonici menu in alto con gli elenchi a discesa che si aprono quando si fa clic su una delle voci si è passati alla *barra multifunzione* (Figura 1.1).

Figura 1.1 La barra multifunzione di PowerPoint.

L'innovazione consiste in un'organizzazione completamente nuova della posizione delle funzioni e dei comandi. Il loro numero, infatti, era talmente elevato che per molti era diventato piuttosto difficile trovare il comando che serviva per risolvere l'esigenza sorta in un certo momento del lavoro.

La nuova architettura dell'interfaccia ha l'obiettivo di permettere una migliore interattività con l'utente. Nella versione 2016, poi, l'impostazione è stata resa ancora più intuitiva nell'interazione anche grazie all'utilizzo di colori che segnalano in modo netto le aree di servizio rispetto a quelle delle funzioni operative.

Una novità degna di nota dell'edizione 2016 è la casella di testo posta accanto alle schede caratterizzata dalla dicitura *Che cosa si desidera fare?* (Figura 1.2). Questa nuova funzione permette di individuare rapidamente il comando o le informazioni necessarie per eseguire una specifica operazione. Per esempio, digitando **cambiare il tema**, viene visualizzato un elenco con i comandi disponibili in PowerPoint per la gestione del tema della presentazione; inoltre selezionando questo comando viene aperta direttamente la Guida in linea dell'applicazione con tutti gli articoli che parlano di indici in evidenza. Un'altra novità ancora è la voce *Ricerca intelligente*, che permette di aprire un riquadro *Approfondimenti* in cui sono mostrati i risultati della ricerca delle parole chiave sul Web.

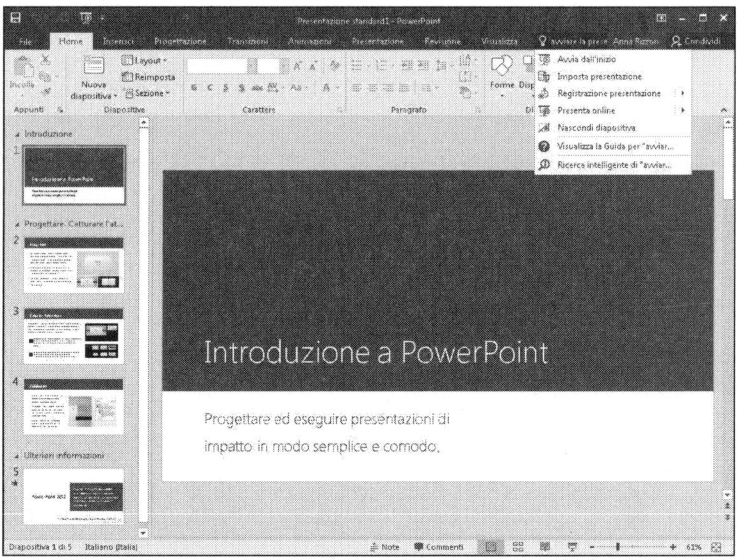

Figura 1.2 Le modalità d'uso della casella Che cosa si desidera fare?.

Barra del titolo

Nella finestra di lavoro di PowerPoint, la prima riga in alto della finestra è la *barra del titolo*, che al centro mostra il nome del documento aperto in quel momento e quello del programma (Figura 1.3).

Figura 1.3 La barra del titolo di PowerPoint.

Sulla destra, oltre ai canonici pulsanti per ridurre a icona la finestra, ingrandirla a schermo intero o ripristinarla e a quello per chiudere il programma, è presente il pulsante *Opzioni visualizzazione barra multifunzione*, da utilizzare per gestire appunto la barra multifunzione.

Non è detto, infatti, che tale barra debba essere sempre presente in tutta la sua altezza, togliendo spazio all'area di lavoro del documento. Scegliendo opportunamente tra le voci del menu a discesa che appaiono facendo clic sul pulsante delle opzioni, la barra multifunzione può essere:

- nascosta (*Nascondi automaticamente la barra multifunzione*), per apparire nuovamente quando si fa clic sulla parte superiore della finestra;
- visualizzata solo con i nomi dei menu (*Mostra schede*) per recuperare spazio in altezza;
- visualizzata in modo completo, voci di menu sopra e schede con tutti i comandi visibili in basso (*Mostra schede e comandi*).

All'estrema sinistra della barra del titolo, subito dopo l'icona del programma, sono presenti quelle dei comandi più utilizzati. Sono raccolte in un gruppo che fa parte della *barra di accesso rapido*, completamente personalizzabile dall'utente (Figura 1.4).

Figura 1.4 La barra di accesso rapido.

Per aggiungere o togliere icone dalla barra a proprio piacimento, occorre fare clic sul pulsante con la freccia rivolta verso il basso a destra delle icone. Il menu a discesa che si apre contiene i nomi dei comandi con accanto lo spazio per l'eventuale inserimento di un segno di spunta.

Se si fa clic per attivare il segno di spunta, quell'icona va a far parte della barra di accesso rapido. Facendo clic per togliere la spunta, viene rimossa anche l'icona.

Avere "a portata di clic" le icone dei comandi più utilizzati fa risparmiare una notevole quantità di tempo nella gestione delle presentazioni. Di conseguenza, non appena ci si accorge che c'è un'operazione che si esegue spesso, conviene inserire quanto prima la sua icona nella barra di accesso rapido.

Barra di stato

La *barra di stato* è l'ultima riga nella parte inferiore della finestra. Contiene informazioni operative e strumenti importanti per le attività di lavoro quotidiane con le presentazioni (Figura 1.5).

Figura 1.5 La barra di stato di PowerPoint.

Come la barra di accesso rapido, anche la barra di stato è totalmente personalizzabile. Facendo clic con il tasto destro del mouse in un punto qualsiasi della barra viene visualizzato il menu di scelta rapida con le voci degli elementi che possono essere visualizzati nella barra di stato. Per personalizzarla, l'utente deve fare clic per attivare una voce e un altro clic per disattivarla.

Per esempio, togliendo il segno di spunta dalla voce *Indicatore visualizzazione*, scomparirebbe la dicitura *Diapositiva x di x* visibile all'estrema sinistra della barra, che indica il numero della diapositiva corrente e il numero totale di diapositive nel documento.

Zoom e visualizzazioni

Nella parte destra della barra di stato sono visibili le icone per passare da un tipo di visualizzazione a un altro, il dispositivo di scorrimento per variare la percentuale di zoom e il pulsante per adattare le dimensioni della diapositiva alle dimensioni della finestra.

Lo zoom viene gestito tramite un cursore che può essere trascinato per modificare il valore da 10% a 400%. La posizione centrale è segnata da una lineetta che fa da riferimento per il 100%. L'utente stabilisce il valore dello zoom spostando il cursore e visualizzando direttamente l'effetto della variazione sulla diapositiva presente nella zona centrale della finestra.

Chi lo desidera può chiedere di impostare lo zoom affinché la diapositiva sia sempre visualizzata per intero nella finestra: è sufficiente fare clic sull'ultima icona a destra della barra di stato, *Adatta la diapositiva alla finestra corrente*.

Scheda File

Facendo clic sull'etichetta *File* nella barra multifunzione la finestra con la diapositiva viene sostituita da una finestra di lavoro nella quale sono elencati svariati comandi utili per la gestione della presentazione (Figura 1.6).

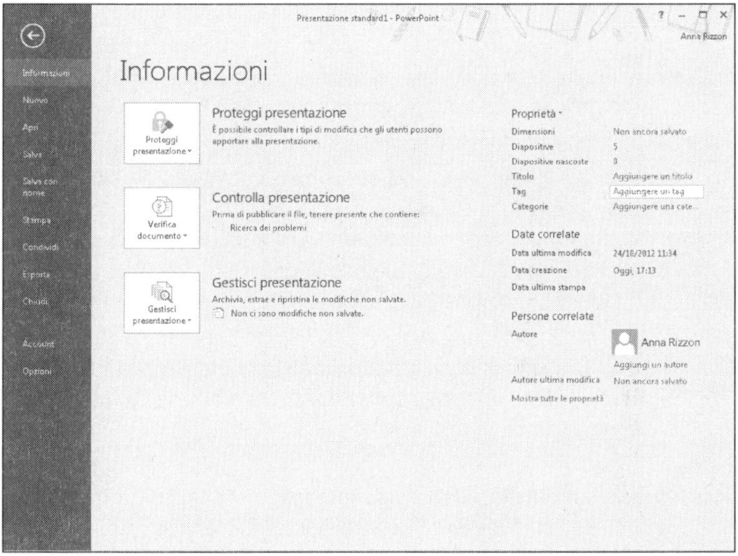

Figura 1.6 La scheda File.

La freccia verso sinistra in un cerchio è il comando per tornare all'area di lavoro delle diapositive.

Facendo clic su uno dei comandi a sinistra, nello spazio rettangolare a destra appaiono caselle e pulsanti per lavorare con le funzioni relative alla voce attivata.

Ci sono due eccezioni. La prima è *Chiudi*, che viene utilizzata solo per chiudere la presentazione corrente, lasciando la finestra di PowerPoint aperta e il programma in esecuzione. La seconda eccezione è *Salva*: quando si fa clic sulla voce, PowerPoint salva la presentazione corrente e torna all'area di lavoro per lavorare con le diapositive.

Nelle pagine successive vengono descritti sinteticamente i singoli comandi con le loro funzionalità, per avere una panoramica delle caratteristiche disponibili. Più avanti nel testo, le singole funzioni vengono illustrate con maggiore dettaglio in modo da esplorarne al meglio le potenzialità.

Informazioni

Aprendo la pagina *Informazioni* (già mostrata nella Figura 1.6) si possono gestire le caratteristiche che riguardano la presentazione corrente e la sua protezione, intesa anche come compatibilità nel trasferimento di file di PowerPoint tra diversi computer.

Nella sezione *Proprietà* a sinistra sono disponibili alcune caselle che mostrano (e consentono di modificare) le proprietà assegnate al file aperto. Un clic sulla scritta sottolineata *Mostra tutte le proprietà* provoca la visualizzazione di tutti i dati gestibili con il programma.

Alla presentazione possono essere associate, utilizzando la casella Tag, *anche dei metadati, quali parole chiave legate ai contenuti delle diapositive per permetterne una migliore indicizzazione e ricerca.*

Facendo clic sul pulsante *Proteggi presentazione* si apre un menu con quattro voci. *Segna come finale* serve per impostare la presentazione in "sola lettura", in modo da considerare come definitiva la versione a cui si è giunti ed evitare di intervenire con ulteriori modifiche. *Crittografa con password* permette di crittografare il documento, rendendolo incomprensibile a chi non conosce la password. *Limita accesso* fa in modo che la presentazione possa essere visualizzata solo da un determinato gruppo di utenti, mentre la funzione *Aggiungi firma digitale* permette di rendere un file valido a termini di legge.

La firma digitale *è un algoritmo che viene utilizzato per rendere certi l'integrità del contenuto, l'autore e la non ripudiabilità del contenuto.*

Il secondo pulsante nella pagina *Informazioni* è chiamato *Verifica documento*. Il sottomenu contiene le voci seguenti.

- *Controlla documento*, per controllare ed eventualmente eliminare le proprietà associate al documento, soprattutto quelle nascoste agli occhi dell'utente.
- *Verifica accessibilità*, per valutare se sia possibile fruire del contenuto della presentazione anche da parte di persone con disabilità, ricevendo suggerimenti puntuali su cosa è necessario intervenire.
- *Verifica compatibilità*, per controllare se i contenuti della presentazione siano leggibili e modificabili con versioni precedenti di PowerPoint.

Il pulsante *Gestisci presentazione*, infine, permette di recuperare intere presentazioni su cui si è lavorato in passato, salvate in momenti precedenti.

Nuovo

La voce di menu *Nuovo* (Figura 1.7) serve per creare una nuova presentazione. PowerPoint non propone solo modelli di pagina e temi grafici tra cui scegliere quello da utilizzare, ma anche le presentazioni già create in passato.

Facendo clic sulla miniatura di un tema viene visualizzata una finestra di anteprima del tema scelto, con due pulsanti che permettono di passare al tema precedente e a quello successivo. Subito sotto l'anteprima del titolo, altri due pulsanti consentono di visualizzare altre immagini dello stesso tema, per esempio le pagine interne con grafici e immagini. Sulla destra, invece, quattro miniature mostrano l'effetto che avrebbe lo stesso tema con diverse combinazioni di colori.

Apri

Facendo clic su *Apri* nella scheda *File* l'utente chiede di aprire una presentazione precedentemente salvata sul computer o in rete (Figura 1.8).

Selezionando la voce *Presentazioni recenti*, nella colonna a destra vengono visualizzati i nomi dei file su cui si è lavorato negli ultimi tempi. Le voci dell'elenco sono riportate in ordine cronologico, per cui l'ultima presentazione appare in alto, la penultima al secondo posto e così via.

Figura 1.7 La finestra per creare una nuova presentazione.

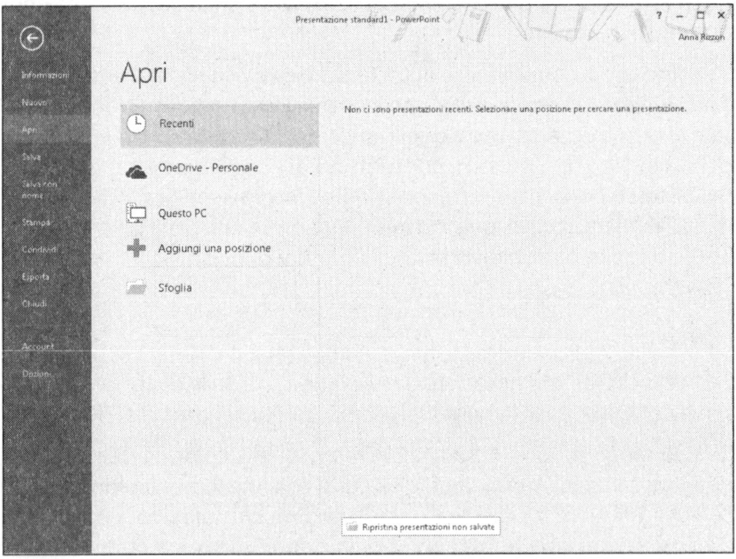

Figura 1.8 La finestra per aprire una presentazione esistente.

Facendo clic su *OneDrive - Personale*, si possono cercare le presentazioni salvate in OneDrive, il servizio cloud di Microsoft nel quale chiunque può memorizzare file e, se lo ritiene, condividerli, con altri utenti.

Un clic su *Computer*, invece, provoca la visualizzazione sulla destra della cartella corrente, di quelle aperte di recente e del pulsante *Sfoglia*, che permette di cercare la presentazione che si desidera aprire sul proprio computer o sui computer connessi in rete.

Facendo clic su *Aggiungi una posizione*, infine, c'è la possibilità di aggiungere altri servizi cloud, in particolare Office 365 SharePoint (il servizio professionale di condivisione file di Microsoft.

Alla fine, per aprire il file è sufficiente selezionarlo e fare clic su *Apri*.

Salva e Salva con nome

Facendo clic su *Salva* si attiva direttamente il salvataggio della presentazione corrente (a condizione che la stessa sia già stata salvata in precedenza; diversamente, la procedura è la stessa descritta di seguito per il comando *Salva con nome*).

Salva con nome è il comando da utilizzare per il primo salvataggio di una presentazione o se si desidera salvare una copia della presentazione con un nome diverso oppure in un percorso o in un formato differente. I comandi sono molto simili a quelli visti in precedenza per *Apri* (Figura 1.9).

Stampa

Con il termine "stampa" si indica materialmente l'azione con la quale si invia una presentazione a una stampante. Il risultato è la produzione di un certo numero di pagine di carta o, al più, di plastica trasparente (i cosiddetti "lucidi"), sulle quali sono riprodotti i contenuti delle diapositive.

Si può scegliere se stampare una diapositiva per pagina, produrre degli *stampati* (ovvero gruppi di due, quattro, sei o più diapositive per pagina), oppure una diapositiva per pagina con le note del relatore in basso, utili per rammentare gli argomenti a chi deve esporre i contenuti della presentazione al pubblico (Figura 1.10).

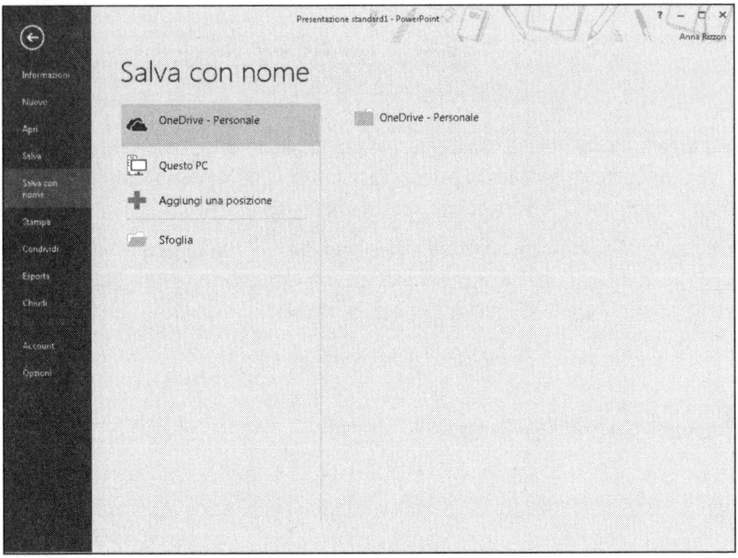

Figura 1.9 La finestra per salvare una presentazione.

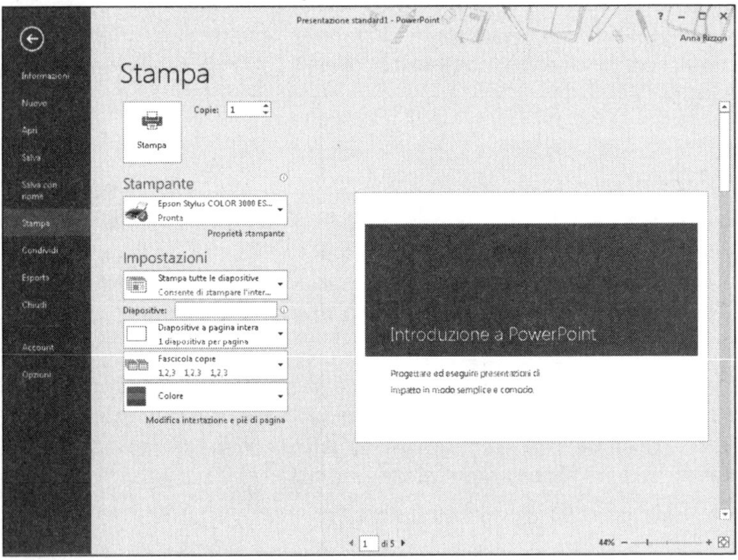

Figura 1.10 Le opzioni per la stampa.

Condividi

Salvando una presentazione in OneDrive è possibile condividerla con altri utenti, indicati dall'autore del salvataggio. La condivisione di una presentazione permette a più persone dello stesso gruppo di lavoro di accedere allo stesso documento disponibile in Rete. Ognuno può visualizzarlo o modificarlo per intervenire sui suoi contenuti, sulla struttura e sulla grafica, ciascuno secondo le proprie competenze.

La finestra *Condividi* (Figura 1.11) offre numerose opzioni per mettere la presentazione realizzata a disposizione di altri utenti.

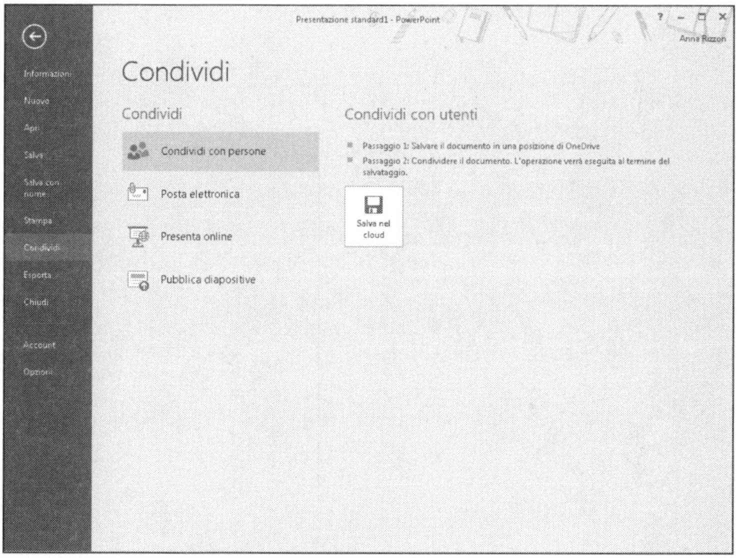

Figura 1.11 Le opzioni per la condivisione.

Selezionando *Condividi con persone* viene visualizzato il pulsante *Salva nel cloud*, che consente di salvare la presentazione corrente in OneDrive. Dopo il salvataggio l'applicazione permette di indicare gli altri utenti con i quali condividere la presentazione.

Facendo clic su *Posta elettronica* vengono visualizzati diversi pulsanti per salvare la presentazione in un formato specifico e per allegare il file salvato direttamente a un nuovo messaggio di posta elettronica.

Presenta online è una funzione con la quale la presentazione può essere trasmessa a destinatari che la visualizzano attraverso un browser web in qualsiasi parte del mondo. *Pubblica diapositive*, invece, permette di trasferire la presentazione in Internet così che altri utenti che vi accedono tramite un browser possano visualizzarla.

Esporta

La sezione *Esporta* della scheda *File* (Figura 1.12) ospita le funzioni per esportare i file di PowerPoint in numerosi altri formati.

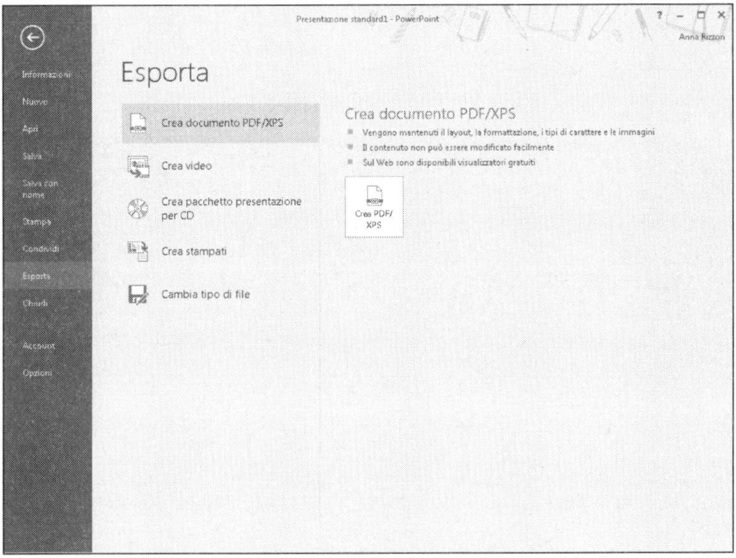

Figura 1.12 Le opzioni per l'esportazione.

Le diapositive possono essere convertite in filmati video, pacchetti di presentazione da registrare su supporti ottici per distribuirli ai clienti di un'organizzazione, oppure in file PDF o XPS, in immagini JPG e in altri formati utili per allargare la condivisione della presentazione al maggior numero di persone possibile.

Account

La sezione *Account* consente di eseguire due operazioni (Figura 1.13): impostare l'aspetto grafico della finestra di lavoro e dell'interfaccia e accedere alle risorse di Office su Internet.

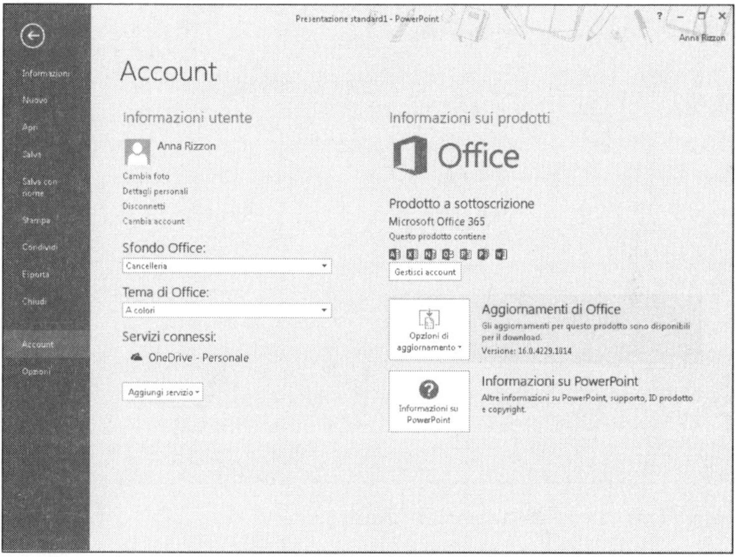

Figura 1.13 La finestra di gestione dell'account personale.

Il pulsante *Aggiungi servizio* permette di usufruire in PowerPoint di alcuni dei più famosi servizi web. A titolo di esempio, dal sottomenu *Immagini e video* è possibile integrare YouTube in PowerPoint, così da poter creare un video della presentazione e pubblicarlo direttamente su questa famosa piattaforma.

Opzioni di PowerPoint

PowerPoint fornisce una serie di opzioni da configurare per personalizzare il funzionamento del programma, conformandolo alle caratteristiche di chi ci lavora. Conoscendole, si riesce a organizzare l'insieme delle opzioni per ottenere risultati più semplicemente e impiegando il minore tempo possibile. Si può intervenire anche per rendere più gradevole o più funzionale l'aspetto della finestra. Tutte queste scelte vengono operate nella finestra *Opzioni di PowerPoint*, che viene aperta facendo clic su *Opzioni* nella scheda *File* (Figura 1.14).

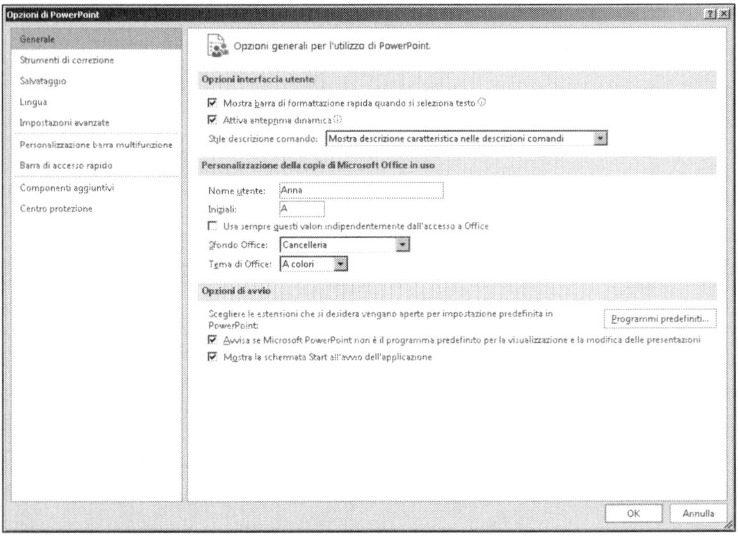

Figura 1.14 La finestra Opzioni di PowerPoint.

La colonna di sinistra riporta un menu di voci relative ai gruppi di scelte disponibili. Nella sezione di destra compaiono invece le opzioni vere e proprie, sotto forma di caselle di controllo, di testo o di riepilogo. Una trattazione approfondita di ogni opzione disponibile va oltre l'ambito di questo libro; ci limiteremo pertanto a descrivere alcune delle opzioni più utili o interessanti.

Opzioni generali

Nella sezione *Generale* (già mostrata nella Figura 1.14) sono disponibili le opzioni di carattere generale, alcune delle quali sono relative all'aspetto estetico e della struttura della finestra di lavoro.

La prima casella serve per attivare o meno la barra di formattazione rapida quando si seleziona un testo. Si tratta della barra che viene affiancata al menu contestuale e che contiene i comandi più utilizzati da applicare ai caratteri del testo, come il grassetto, il colore e il tipo di carattere.

La casella di controllo *Attiva anteprima dinamica* permette di stabilire se PowerPoint deve visualizzare il risultato di una diversa formattazione applicata all'elemento selezionato direttamente nell'area di lavoro. La sua disattivazione potrebbe favorire chi ha un computer con caratteristiche tecniche tali da impedire una buona velocità di esecuzione, rendendo più rapide le attività in fase di modifica.

Le caselle di riepilogo *Sfondo Office* e *Tema di Office* permettono di modificare l'aspetto della finestra di PowerPoint e delle altre applicazioni del pacchetto Office.

Strumenti di correzione e lingua

La sezione *Strumenti di correzione* (Figura 1.15) comprende scelte che tendono a ridurre errori ortografici e sintattici nel testo delle diapositive. Per giungere a questo risultato, in PowerPoint sono disponibili gruppi di funzioni che attivano interventi di correzione automatica. Ognuno di essi può essere attivato o meno dall'utente che, in molti casi, può gestirne anche le modalità di funzionamento.

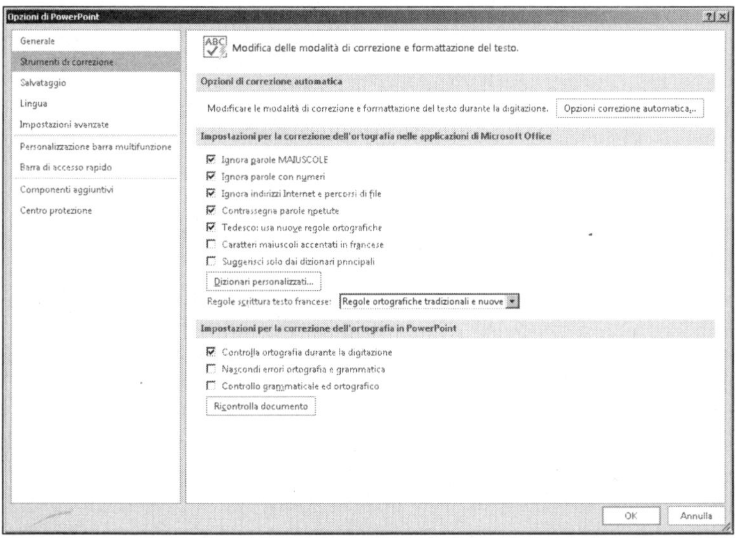

Figura 1.15 Gli strumenti di correzione di PowerPoint.

Per esempio, facendo clic sul pulsante *Opzioni correzione automatica* si apre un'ulteriore finestra di dialogo divisa in diverse schede (Figura 1.16). La prima, *Correzione automatica*, consente di correggere la doppia maiuscola a inizio parola, forzare la maiuscola a inizio frase, forzare l'iniziale maiuscola per i nome dei giorni, nonché correggere automaticamente l'utilizzo del blocco delle maiuscole.

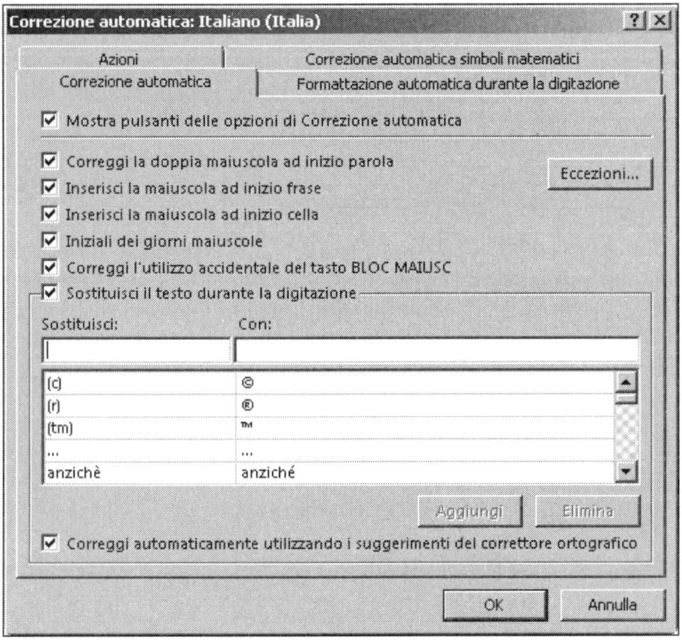

Figura 1.16 Le opzioni di correzione automatica.

Una funzione piuttosto utile è la sostituzione automatica di determinati gruppi di caratteri con altri. Può tornare comoda in tante situazioni, per esempio per correggere una parola o un termine scritto spesso e involontariamente in modo sbagliato ("perchè" anziché "perché", "qual'è" anziché "qual è"), ma anche per generare una scritta lunga utilizzata spesso scrivendo solo qualche carattere, in modo da inserire testi più velocemente e senza errori (per esempio, si può sostituire "aca" con "alla cortese attenzione di" oppure "pp6" con "PowerPoint 2016").

La sostituzione automatica avviene dopo aver scritto la stringa di partenza, non appena l'utente inserisce uno spazio, aggiunge un segno di interpunzione come una virgola o un punto, oppure preme Invio per andare a capo.

Anche nella gestione della formattazione di caratteri e paragrafi PowerPoint fornisce implementazioni di automatismi gestibili come opzioni. Tra queste, nella pagina *Formattazione automatica durante la digitazione* c'è la possibilità di sostituire le virgolette semplici con quelle inglesi e quella di attivare automaticamente il collegamento ipertestuale quando si scrive un indirizzo Internet.

Ai fini della correzione ortografica del testo nei documenti, nella sezione *Strumenti di correzione* principale sono disponibili caselle di controllo da attivare per evitare di controllare e segnalare come errate le parole scritte completamente in maiuscolo, ignorare le parole che contengono numeri, ignorare indirizzi Internet e percorsi di cartelle del file system di un computer, o segnalare i termini che risultano scritti due volte di seguito. Altre scelte riguardano impostazioni relative a lingue straniere, come il francese e il tedesco, e dizionari personalizzati, per esempio quelli dei settori medicina e informatica.

Dato che le regole dell'ortografia sono diverse da una lingua a un'altra, è opportuno verificare nella sezione *Lingua* (Figura 1.17) quali lingue sono impostate per i documenti PowerPoint.

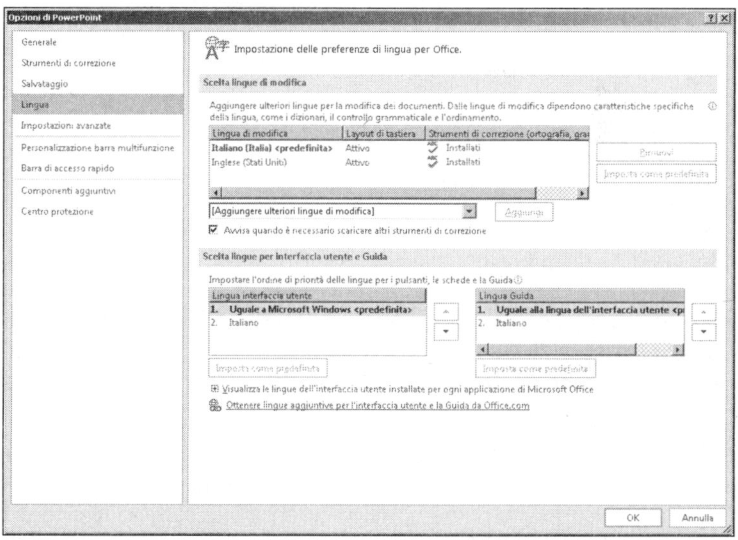

Figura 1.17 Le opzioni per la lingua.

Salvataggio

Nella sezione *Salvataggio* (Figura 1.18), la prima opzione permette di impostare il formato da utilizzare per impostazione predefinita per salvare le presentazioni di PowerPoint 2016.

Dei formati dei file e delle loro caratteristiche si parla più diffusamente nei capitoli dedicati al salvataggio dei file.

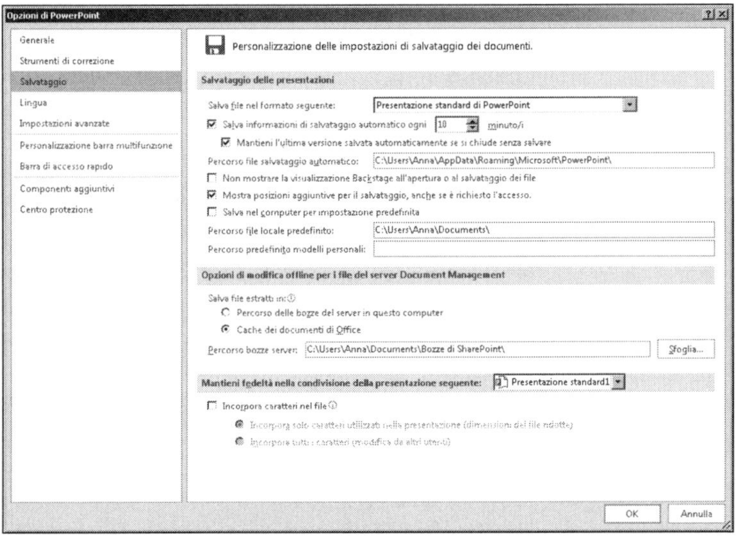

Figura 1.18 Le opzioni di salvataggio.

Il salvataggio della presentazione corrente è automatico con intervalli di tempo pari al numero di minuti riportato nella casella *Salva informazioni di salvataggio automatico ogni*. A seguire sono visualizzati anche i percorsi predefiniti nei quali i file vengono salvati dal programma. Altre opzioni sono riferite alla condivisione dei documenti con i sistemi di gestione dei documenti Microsoft come i server SharePoint.

Un'impostazione controlla la funzione di incorporazione delle famiglie di caratteri utilizzate nella presentazione all'interno del file che viene salvato in un supporto di memoria. L'esigenza può sorgere quando la presentazione viene trasferita in un computer diverso, nel quale qualcuna delle famiglie di caratteri della presentazione non è installata. Questo può accadere se la versione o la configurazione del sistema operativo è diversa. In questo caso, chi apre la presentazione, non può vedere l'aspetto e la posizione delle scritte così come sono state impostate dall'autore della presentazione originale.

Come contropartita, le dimensioni del file diventano inevitabilmente maggiori rispetto a quelle della sola presentazione.

Impostazioni avanzate

L'aggettivo "avanzate" lascia intendere subito che le opzioni relative a questa voce riguardano aspetti evoluti di gestione delle presentazioni. Perdipiù sono veramente numerose (Figura 1.19).

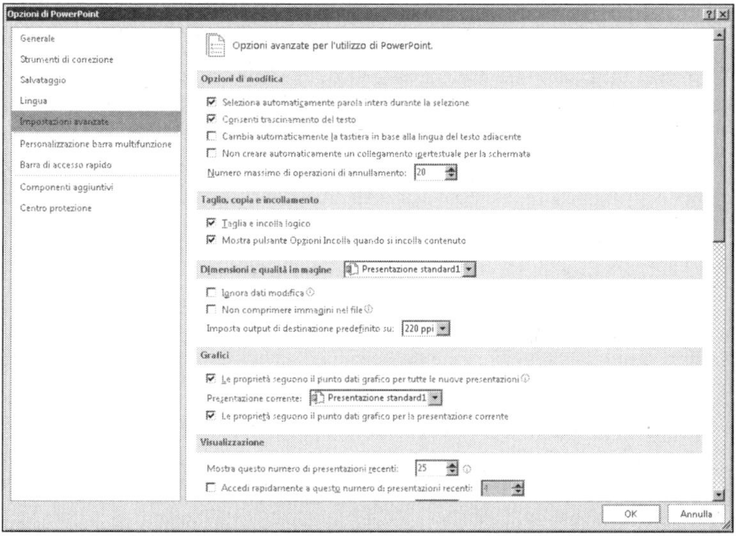

Figura 1.19 Le opzioni avanzate.

Un libro di questo genere non può offrire una descrizione dettagliata di tutte le opzioni. Per cogliere i vantaggi di ognuna delle proprietà gestite in *Impostazioni avanzate*, così come di quelle disponibili in ogni sezione della finestra *Opzioni di PowerPoint*, potrebbe essere utile provarne l'effetto dopo aver letto il testo descrittivo che appare portando il puntatore su una delle scritte.

Personalizzazione delle barre degli strumenti

In PowerPoint sono due le barre che contengono gli strumenti di lavoro con i quali si interviene sui contenuti e sulla struttura di una presentazione: una è la *barra multifunzione*, che comprende una serie di schede contenenti i pulsanti per tutte le funzioni di PowerPoint; l'altra è la *barra di accesso rapido*, che contiene le icone dei comandi più utilizzati dall'utente.

Per entrambe è possibile gestire il numero e il tipo di oggetti che devono essere visualizzati, personalizzandole secondo le proprie necessità operative.

Dalla sezione *Personalizzazione barra multifunzione* (Figura 1.20) della finestra *Opzioni di PowerPoint* si accede a una pagina divisa in due riquadri rettangolari, separati al centro da una coppia di pulsanti.

Nel riquadro di sinistra sono elencati tutti i comandi disponibili in PowerPoint; in quello di destra appaiono i gruppi e i sottogruppi di menu con, all'interno, i comandi che appartengono a quella scheda o gruppo. A sinistra dei gruppi, ci sono il segno più (+) e una casella di controllo. Se nella casella c'è il segno di spunta, quella scheda e i relativi comandi sono attivi.

Nel caso contrario, le voci delle schede e i comandi sottostanti non sono visualizzati nella barra multifunzione. Quando si fa clic sul segno più, la riga si espande per mostrare i sottolivelli di quella voce di scheda fino a giungere ai singoli comandi.

Per modificare il numero e il tipo di icone presenti, si lavora selezionando i comandi su cui intervenire e poi facendo clic su uno dei due pulsanti centrali. Per aggiungere un comando in una scheda o in un gruppo di PowerPoint 2016 si procede come segue.

1. Individuare il comando nel riquadro di sinistra.
2. Selezionarlo con un clic.
3. Selezionare la scheda o il gruppo di destinazione nella colonna a destra.
4. Fare clic sul pulsante *Aggiungi* al centro.

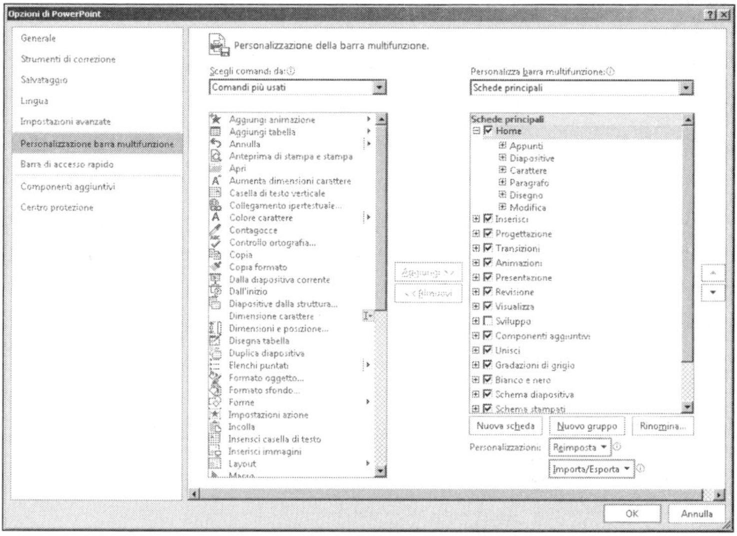

Figura 1.20 La personalizzazione della barra multifunzione.

Per rimuovere un comando da una scheda o un gruppo, si eseguono operazioni quasi del tutto analoghe a quelle precedenti, ma nella sequenza inversa: occorre individuare il comando nel riquadro di destra, selezionarlo con un clic e fare clic sul pulsante *Rimuovi* al centro.

Dei comandi presenti in un gruppo si può stabilire l'ordine di visualizzazione, selezionandone la riga e poi spostandola nell'elenco tramite i due pulsanti freccia all'estrema destra.

Barra di accesso rapido

La barra di accesso rapido è quella collocata in alto a sinistra della barra del titolo e contiene le icone dei comandi utilizzati più spesso in assoluto dall'utente.

In PowerPoint 2016 i comandi più frequenti predefiniti sono *Salva*, *Annulla*, *Ripristina/Ripeti* e *Avvia dall'inizio*. Per aggiungerne altri occorre fare clic su *Barra di accesso rapido* nella finestra *Opzioni di PowerPoint*, dove sulla destra appaiono due riquadri rettangolari con i pulsanti *Aggiungi* e *Rimuovi* al centro, in modo del tutto analogo a quelli visualizzati per la personalizzazione della barra multifunzione descritta in precedenza.

Componenti aggiuntivi

I *componenti aggiuntivi* sono elementi software che si possono integrare in PowerPoint per estendere le funzioni di base del programma, aggiungendovene altre non previste originariamente nell'applicazione Microsoft.

Selezionando *Componenti aggiuntivi* nella finestra *Opzioni di PowerPoint* viene visualizzato l'elenco dei moduli software già installati con una serie di informazioni utili per la loro gestione (Figura 1.21).

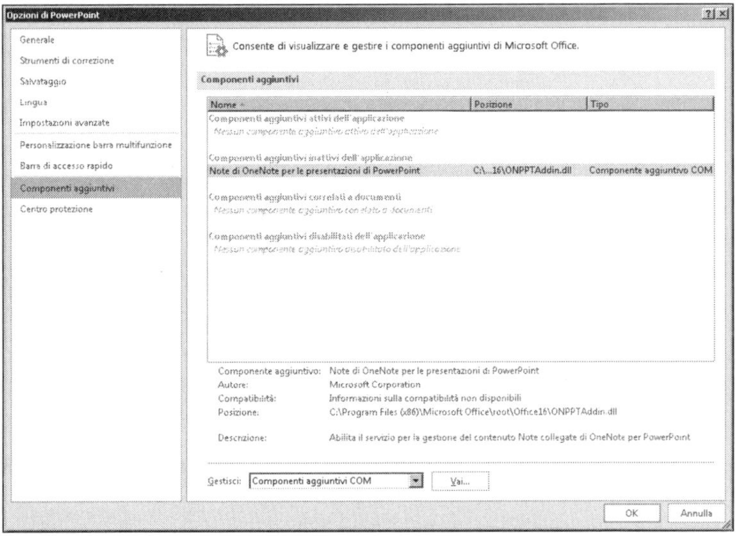

Figura 1.21 La gestione dei componenti aggiuntivi di PowerPoint.

Nella parte inferiore della pagina un elenco a discesa mostra diversi tipi di componenti; selezionandone uno e facendo clic su *Vai*, si apre una finestra di dialogo nella quale si possono aggiungere e rimuovere componenti, così come attivare quelli che sono presenti, ma non operativi.

Centro protezione

Facendo clic su *Centro protezione* nella finestra *Opzioni di PowerPoint*, viene visualizzata una pagina solo apparentemente scarna. A prima vista appaiono solo alcuni collegamenti ipertestuali che aprono pagine web contenenti documenti informativi di Microsoft sul trattamento dei dati personali degli utenti e altre informative che si riferiscono ad attività relative all'accesso ai contenuti del sito Office.com.

Facendo clic sul pulsante *Impostazioni Centro protezione*, però, appare la finestra di dialogo *Centro protezione* (Figura 1.22), anch'essa divisa in pagine alle quali si accede tramite il menu laterale della colonna a sinistra. Qui sono riportate parecchie impostazioni relative alla sicurezza informatica, gestibili da parte dell'utente.

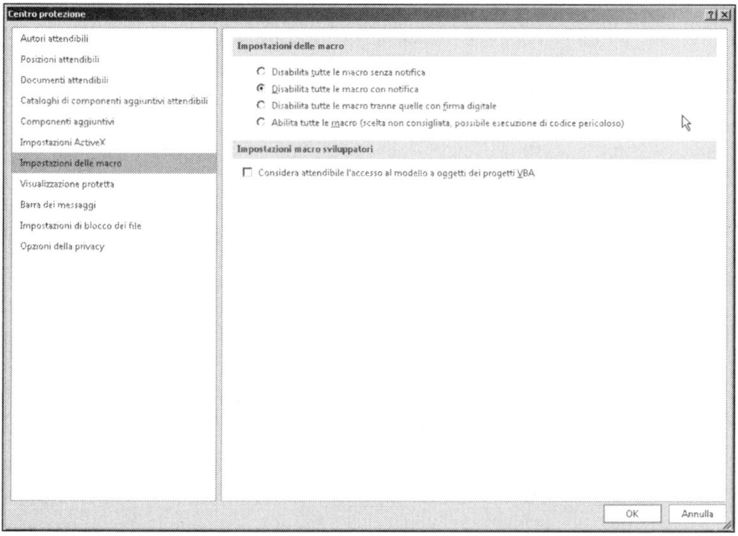

Figura 1.22 Le impostazioni per la sicurezza di PowerPoint.

Per le prime voci dell'elenco (*Autori attendibili*, *Percorsi attendibili* e *Documenti attendibili*), si tratta di valutare quali siano gli autori, i percorsi e i documenti che sono ritenuti "affidabili" ed, eventualmente, gestire quelli che non lo sono quando se ne viene a conoscenza. Per le macro, occorre decidere se permettere che vengano eseguite e in quali condizioni.

Le macro sono piccole sequenze di comandi che vengono registrate sotto un'unica voce, da eseguire con un solo clic allo scopo di velocizzare operazioni ripetitive o eseguire controlli in modo automatico. Sono dei veri e propri programmi, anche se di minuscole dimensioni.

Nella pagina *Visualizzazione protetta* sono selezionate per impostazione predefinita le caselle che impongono specifiche limitazioni quando si avviano file di presentazione, evitando che vengano aperti senza avviso quelli provenienti da Internet, memorizzati in percorsi ritenuti non sicuri o ricevuti come allegati di posta elettronica Microsoft Outlook.

In *Impostazioni tipi file* si può decidere di bloccare l'apertura e/o il salvataggio di file di determinati formati come, per esempio, quelli creati con versioni datate di PowerPoint e le pagine web. Le caselle e i pulsanti in *Opzioni privacy* permettono di stabilire in che modo si possono eseguire azioni come le ricerche in Internet, partecipare o meno ad attività di analisi automatiche di utilizzo del programma con dati inviati via Internet, installare nuovi servizi nel riquadro *Ricerche* e attivare il controllo dell'eventuale presenza e la rimozione dei dati personali che verrebbero registrati nei file quando vengono salvati.

Modalità di visualizzazione

In PowerPoint sono disponibili svariate modalità per visualizzare la presentazione su cui si sta lavorando. Per passare da una visualizzazione all'altra è possibile utilizzare i pulsanti specifici nell'angolo inferiore destro della finestra di PowerPoint (Figura 1.23), oppure fare clic sulla scheda *Visualizza* e utilizzare i pulsanti del riquadro *Visualizzazioni presentazione*.

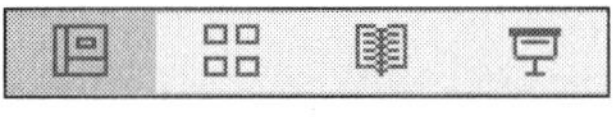

Figura 1.23 I pulsanti per cambiare la visualizzazione di PowerPoint.

La visualizzazione predefinita è chiamata *Normale* ed è utilizzata per lavorare alla creazione e alla modifica delle diapositive. In questa modalità la finestra è divisa in due parti: nella colonna di sinistra appaiono le miniature delle diapositive, mentre a destra è visibile la diapositiva selezionata in cui si possono inserire e modificare contenuti (Figura 1.24).

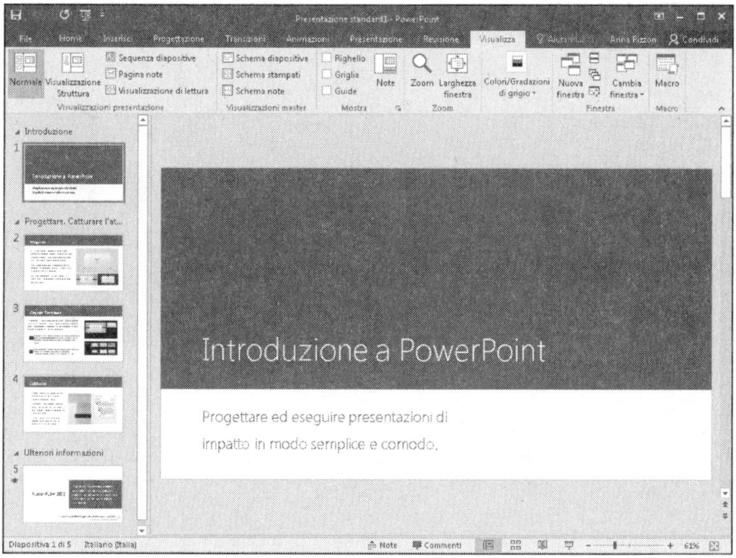

Figura 1.24 Una presentazione nella visualizzazione Normale.

La seconda modalità è chiamata *Struttura*: se l'area di destra rimane uguale a quella della visualizzazione *Normale*, nella colonna di sinistra le diapositive sono sostituite dalla *struttura della presentazione*, ovvero dall'elenco dei contenuti testuali rientrati in base alla loro importanza (Figura 1.25).

Questa modalità può essere sfruttata per inserire scritte nelle diapositive in un tempo molto ridotto rispetto a quello che si impiegherebbe passando da una diapositiva all'altra e modificandone il contenuto.

La terza modalità di visualizzazione è chiamata *Sequenza diapositive*: le diapositive sono mostrate sotto forma di miniature nella loro sequenza naturale (Figura 1.26). Viene utilizzata per avere una visione di insieme delle slide e offre l'opportunità di riorganizzare la sequenza di presentazione.

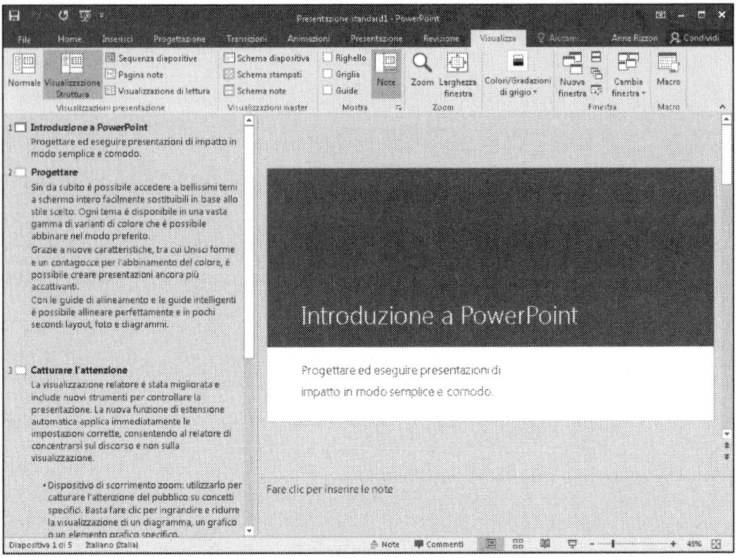

Figura 1.25 Una presentazione nella visualizzazione Struttura.

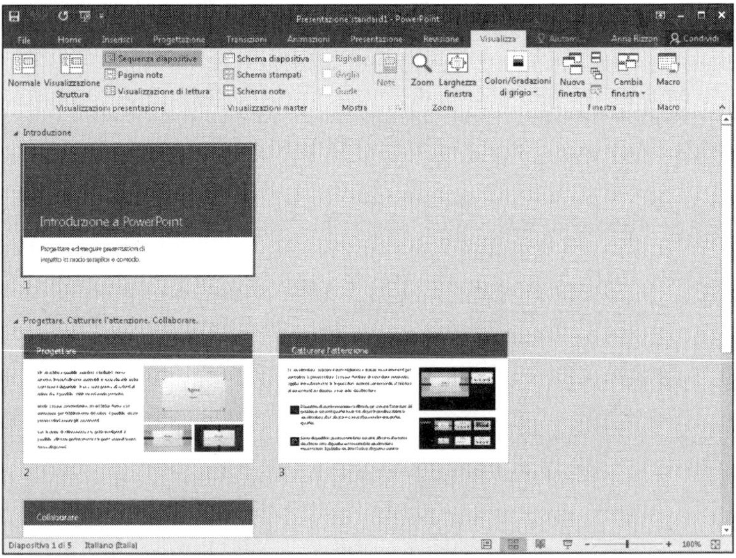

Figura 1.26 Una presentazione nella visualizzazione Sequenza diapositive.

La diapositiva corrente viene mostrata con un bordo di colore diverso, in modo da essere individuata rapidamente per vari tipi di attività. Il numero delle diapositive visualizzato per riga viene modificato variando la percentuale di zoom, tramite il cursore in basso a destra nella barra di stato.

Facendo doppio clic su una miniatura nella sequenza diapositive, questa viene aperta nella finestra nella visualizzazione Normale.

Proseguendo in sequenza si arriva alla visualizzazione *Pagina note* (Figura 1.27): è una visualizzazione particolare da utilizzare per creare i cosiddetti *stampati*, ovvero pagine contenenti sia l'immagine della diapositiva che sarà mostrata al pubblico sia le note che sono state aggiunte alle varie dispositive e che devono essere viste esclusivamente dal relatore.

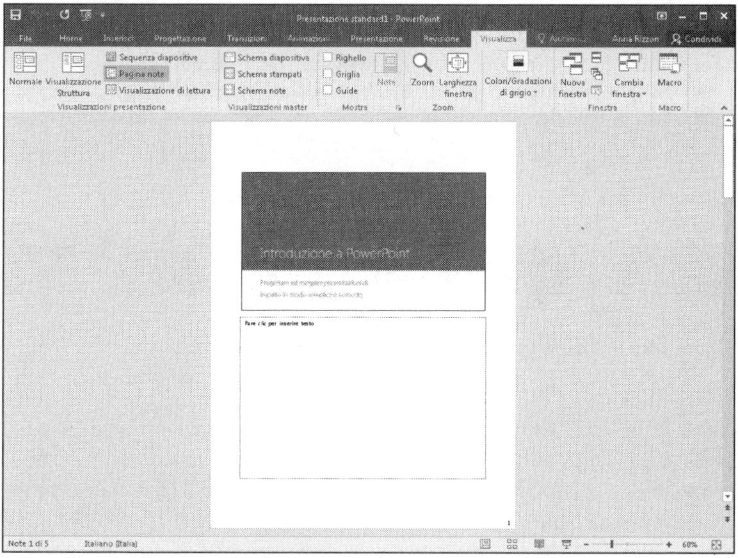

Figura 1.27 Una presentazione nella visualizzazione Pagina note.

Le note possono essere inserite in qualsiasi visualizzazione. Nella visualizzazione Pagina note *è sufficiente fare clic nel riquadro* Fare clic per inserire testo, *mentre nelle visualizzazioni* Normale *e* Struttura *è disponibile una casella sotto la diapositiva (contenente l'indicazione* Fare clic per inserire le note*).*

Visualizzazioni di lettura e Presentazione

La *visualizzazione di lettura* (Figura 1.28) consente di farsi un'idea più accurata di come apparirà il proprio lavoro al pubblico prima di presentarlo effettivamente ai destinatari.

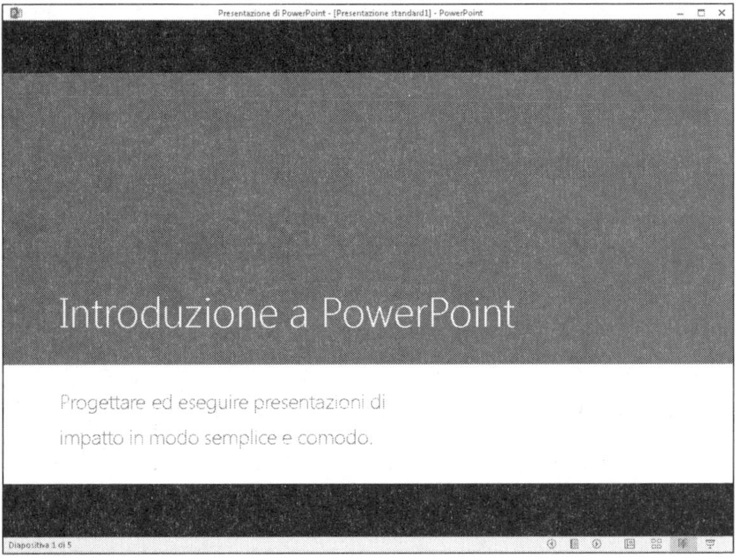

Figura 1.28 Una presentazione nella visualizzazione di lettura.

Nella visualizzazione di lettura lo schermo è interamente occupato dalla diapositiva corrente. A sinistra della barra di stato compaiono il numero della diapositiva corrente e il totale di quelle che fanno parte della presentazione. Sulla destra, invece, appaiono le frecce per spostarsi nella presentazione, l'icona *Menu* per aprire il menu contenente le operazioni che si possono eseguire in questa modalità e infine le icone per passare da un tipo di visualizzazione a un'altra.

La visualizzazione *Presentazione* è molto simile alla prima. La presentazione viene mostrata a schermo intero e comprende tutti gli eventuali effetti, per esempio animazioni, transizioni ed effetti sonori.

Capitolo 2

Operazioni di base

Le prime operazioni che un utente di PowerPoint deve apprendere riguardano la creazione di una nuova presentazione e l'aggiunta delle diapositive necessarie. In questo capitolo vengono fornite inoltre brevi informazioni introduttive alla creazione del contenuto e alla presentazione al pubblico del proprio lavoro, affinché chiunque possa mettersi subito all'opera con questa applicazione.

Creazione di una presentazione

La creazione di una nuova presentazione in PowerPoint 2016 avviene in tempi molto rapidi. È sufficiente fare clic sulla scheda *File* e selezionare il comando *Nuovo*.

Al centro della finestra si apre un riquadro che consente di creare una presentazione completamente vuota o, in alternativa, una basata su un tema specifico. Se si è interessati a creare una presentazione in cui sia già disponibile parte del contenuto, è possibile provare a cercarla inserendo una o più parole chiave nella casella *Cerca modelli e temi online*.

Quando si fa clic su una delle miniature (fatta eccezione per *Presentazione vuota*) viene visualizzata una finestra in cui scegliere la combinazione di colori più gradita per il tema scelto (Figura 2.1).

Per confermare le scelte e creare la presentazione è sufficiente fare clic su *Crea*. La nuova presentazione viene mostrata nella visualizzazione *Normale*. A questo punto si può iniziare a configurare i contenuti del documento.

Quella mostrata è la *diapositiva titolo* della presentazione, destinata a contenere il titolo e il sottotitolo della stessa. Il programma facilita la creazione di questi due elementi di testo invitando a fare clic nelle due caselle specifiche per questi componenti (Figura 2.2).

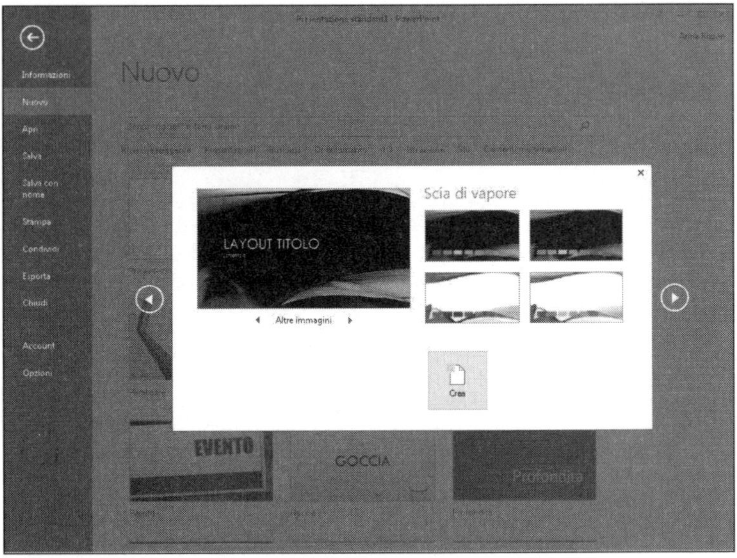

Figura 2.1 La scelta del tema e della combinazione di colori.

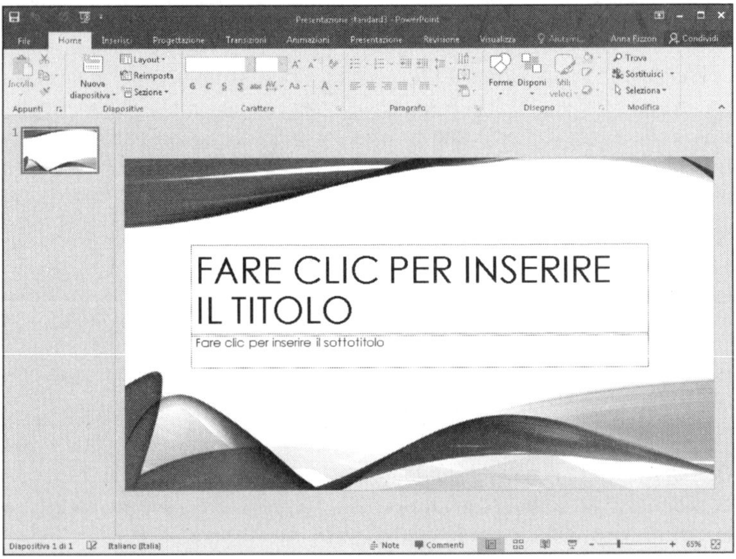

Figura 2.2 La diapositiva titolo della nuova presentazione.

Le dimensioni, il colore e la posizione del testo sono determinati automaticamente dal tema applicato alla presentazione.

Aggiunta di diapositive

Il passo successivo è aggiungere un'altra diapositiva: a tal fine si utilizza il pulsante *Nuova diapositiva* nel gruppo *Diapositive* della scheda *Home* (Figura 2.3). Come è facile osservare, PowerPoint mette a disposizione alcuni tipi di diapositive predefinite per facilitare l'inserimento dei contenuti.

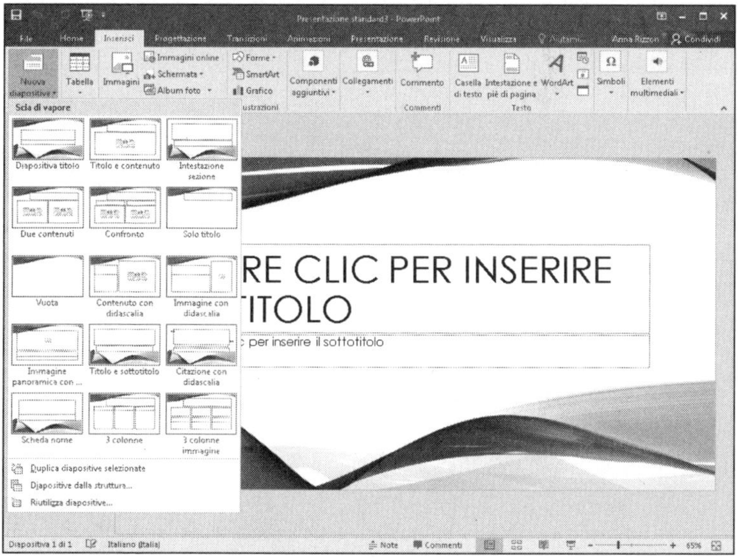

Figura 2.3 L'aggiunta di nuove diapositive.

Facendo clic sulla parte superiore del pulsante Nuova diapositiva, *anziché sulla freccia, è possibile inserire una nuova diapositiva che ha la struttura di quella attualmente selezionata. Fa eccezione la diapositiva titolo, perché ogni presentazione ne contiene generalmente una sola.*

Nell'elenco, si comincia con una diapositiva che replica quella del titolo, per poi visualizzare altre strutture con una o due caselle di testo, solo con il titolo o con la colonna della didascalia a sinistra e lo spazio per i contenuti a destra. Non manca una struttura completamente vuota, scegliendo la quale l'utente si dichiara disponibile a costruire in autonomia le dimensioni e la posizione degli oggetti che intende inserire.

Dopo aver scelto il tipo di diapositiva da aggiungere, lo si inserisce nella presentazione con un clic sulla miniatura. La Figura 2.4 mostra un esempio.

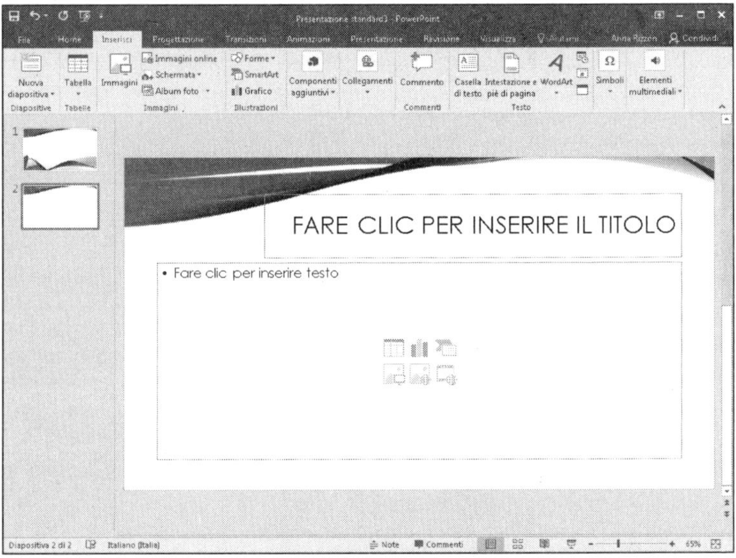

Figura 2.4 Una diapositiva con un titolo e un contenuto.

La scelta di un tipo di struttura non è vincolante, perché può essere sempre modificata in un secondo momento. Al più, si devono posizionare diversamente gli oggetti già inseriti.

Durante il lavoro si può decidere in qualsiasi momento di inserire una nuova diapositiva all'interno della sequenza di quelle esistenti. Supponendo che la presentazione sia composta da dodici diapositive, per inserirne una tra la settima e l'ottava, occorre procedere come segue.

1. Fare clic sulla diapositiva 7 nella colonna a sinistra della visualizzazione *Normale*.
2. Fare clic su *Nuova diapositiva*.
3. Scegliere il tipo desiderato e confermare.

La nuova diapositiva viene inserita all'ottavo posto e le successive traslano avanti di una posizione.

Organizzazione delle diapositive

Se l'ordine con cui sono attualmente disposte le diapositive non risponde alle esigenze di presentazione degli argomenti, si può agire in diversi modi. Il sistema più intuitivo è quello di spostare una diapositiva nella nuova posizione trascinandola con il mouse. Lo si può fare sia nella visualizzazione *Normale*, sia in *Sequenza diapositive*.

Un altro modo per spostare una o più diapositive è il "taglia e incolla" con una delle diverse modalità disponibili nei sistemi operativi. Si seleziona la diapositiva o il gruppo di diapositive, si fa clic sul pulsante *Taglia* nella scheda *Home* (in alternativa si può anche premere Ctrl+X), ci si posiziona nel punto della presentazione dove devono essere trasferite le diapositive tagliate e si fa clic sul pulsante *Incolla* (o si preme Ctrl+V).

Nel caso di errori di inserimento, per eliminare una diapositiva occorre selezionarla e poi premere Canc oppure fare clic con il tasto destro del mouse sulla diapositiva e selezionare *Elimina diapositiva*.

Inserimento di contenuti

Nelle presentazioni multimediali, i contenuti possono essere testi, disegni e immagini, grafici e diagrammi, tabelle, filmati video o registrazioni audio.

Ognuna delle tipologie di oggetti elencati ha una serie di caratteristiche tali da rendere necessarie più pagine per descrivere quali azioni possono essere eseguite, quali risultati si ottengono e come effettuare interventi di modifica del formato, per cui vengono riportate in dettaglio più avanti nel testo.

In questa fase vengono descritte le modalità con cui avviene l'inserimento iniziale di testo e oggetti multimediali in una diapositiva di una presentazione gestita con PowerPoint.

Testi

Il modo più rapido per inserire un testo in una diapositiva è sfruttare il meccanismo automatico offerto dagli schemi predefiniti di PowerPoint che indicano *Fare clic per inserire...*. Al posto dei tre puntini può esserci la locuzione *il titolo* o *testo*, ma la sostanza non cambia.

Quando si vede quel tipo di scritta, è sufficiente fare clic su di essa per visualizzare il cursore verticale che invita a inserire caratteri, scrivere un testo o incollarlo e completare il lavoro facendo clic in un punto della diapositiva esterno al riquadro di selezione. Il risultato è una scritta con il carattere, le dimensioni, il colore e tutte le proprietà impostate e rispondenti al tema della presentazione.

Lavorando con questa tecnica, l'utente raggiunge rapidamente l'obiettivo senza la preoccupazione di dover intervenire con specifiche azioni per eseguire gli interventi di formattazione necessari a rendere le scritte gradevoli agli occhi del pubblico.

In assenza degli appositi riquadri, si può aggiungere testo in un punto qualsiasi di una diapositiva come indicato di seguito.

1. Fare clic sulla scheda *Inserisci*.
2. Fare clic su *Casella di testo* nel gruppo *Testo*.
3. Portarsi nel punto della diapositiva dove si intende aggiungere il testo e fare clic.
4. Scrivere il testo o incollarlo.
5. Fare clic in un punto esterno al riquadro della casella di testo per terminare.

Per modificare il formato del testo, occorre intervenire con gli strumenti di formattazione del carattere e del paragrafo in modo da assegnargli le caratteristiche estetiche desiderate.

Disegni e immagini

Prima di descrivere come avviene l'aggiunta di elementi grafici in una diapositiva, è il caso di illustrare brevemente quali sono i tipi di disegni e di immagini inseribili in un documento di PowerPoint. Un modo per distinguerli è dividerli in due tipologie: elementi grafici memorizzati in file e oggetti grafici integrati in PowerPoint.

Tipicamente i primi sono disegni e foto. Per quanto riguarda gli altri, per arricchire esteticamente le diapositive, PowerPoint dà la possibilità di inserire oggetti grafici di queste tipologie:

- forme (rettangoli, linee, cerchi, stelle, frecce, fumetti);
- ClipArt e immagini dal Web (oggetti grafici a tema, ricercabili tramite parole chiave);
- schermate catturate direttamente dal desktop.

Un modo per inserire un oggetto grafico da un file è sfruttare le diapositive nelle quali c'è un'icona creata appositamente per l'inserimento di un'immagine. Facendo clic su di essa, appare la finestra di dialogo *Inserisci immagine*, dove può scegliere quella che interessa leggendola da un supporto di memoria (Figura 2.5). Per completare l'operazione è sufficiente fare clic su *Inserisci*.

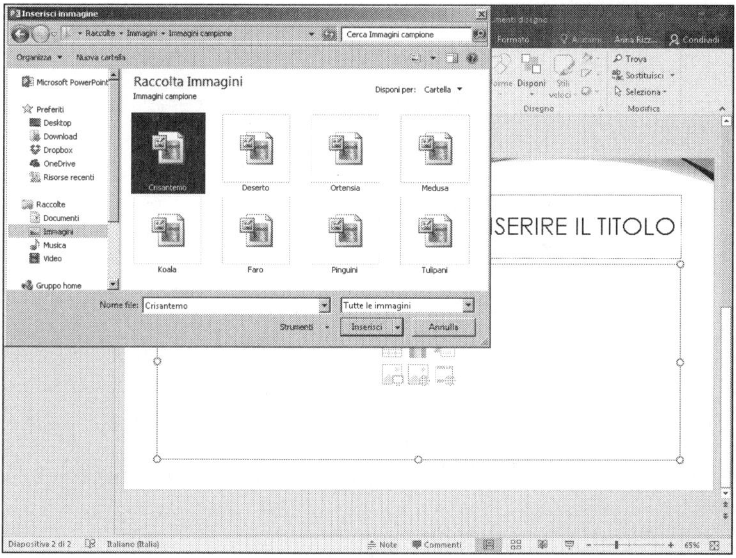

Figura 2.5 L'inserimento di immagini da disco.

La sequenza operativa per inserire invece una forma, ovvero un oggetto grafico integrato in PowerPoint, è la seguente.

1. Fare clic sulla scheda *Inserisci*.
2. Fare clic su *Forme*.
3. Scegliere il componente grafico desiderato dall'elenco a discesa (Figura 2.6).
4. Trascinare il puntatore tenendo premuto il tasto sinistro del mouse per creare una forma delle dimensioni desiderate.
5. Rilasciare il tasto del mouse.

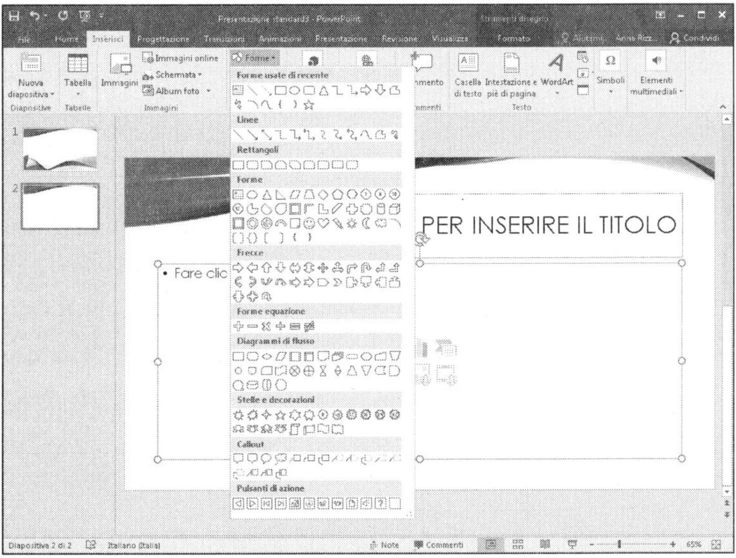

Figura 2.6 L'inserimento di una forma nella diapositiva.

Per aggiungere invece una ClipArt, la procedura è la seguente.

1. Fare clic sulla scheda *Inserisci*.
2. Fare clic su *Immagini online* per aprire una finestra di ricerca.
3. Inserire una o più parole chiave nella casella *Ricerca immagini Bing* e premere Invio.

4. Fare clic sull'immagine desiderata (Figura 2.7).
5. Fare clic su *OK*.

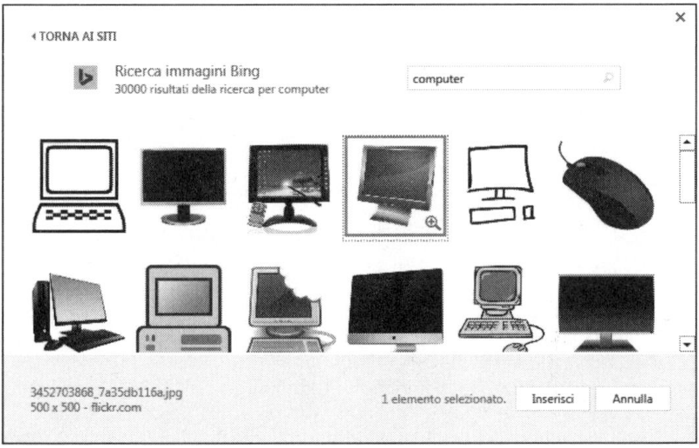

Figura 2.7 I risultati della ricerca di ClipArt su Internet.

L'ultima tipologia di immagine che è possibile includere in PowerPoint è la *schermata*: è sufficiente fare clic su *Schermata* nella scheda *Inserisci* e scegliere dall'elenco visualizzato la schermata del proprio computer che si desidera visualizzare nella diapositiva (Figura 2.8).

Grafici

I grafici differiscono dai disegni per il fatto che vengono generati da serie di valori numerici che devono essere letti da un foglio elettronico, da un altro tipo di archivio o, in alternativa, possono essere forniti manualmente dall'utente.

In PowerPoint, il modo predefinito di inserire un grafico in una diapositiva è il seguente.

1. Fare clic su *Inserisci*.
2. Fare clic su *Grafico*.
3. Selezionare il tipo di grafico desiderato nella finestra visualizzata (Figura 2.9).
4. Fare clic su *OK*.

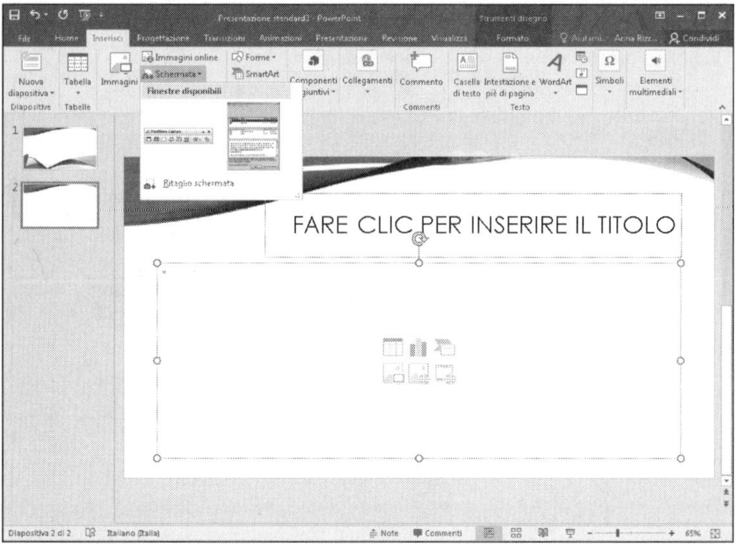

Figura 2.8 L'inserimento di una schermata.

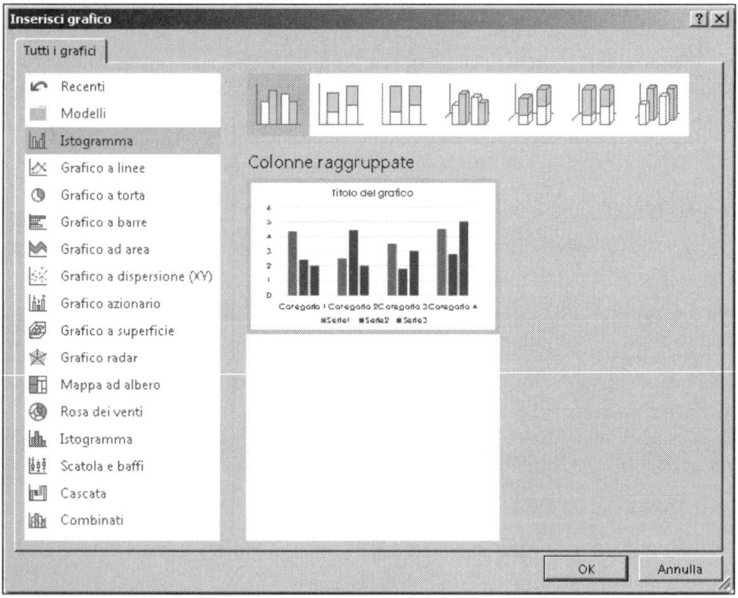

Figura 2.9 L'inserimento di un grafico in una diapositiva.

A questo punto si apre una sorta di foglio elettronico che mostra una tabella di valori predefiniti, numerici per i dati e di testo per le intestazioni di riga e colonna (Figura 2.10). Contemporaneamente, nella diapositiva appare il grafico nella forma scelta.

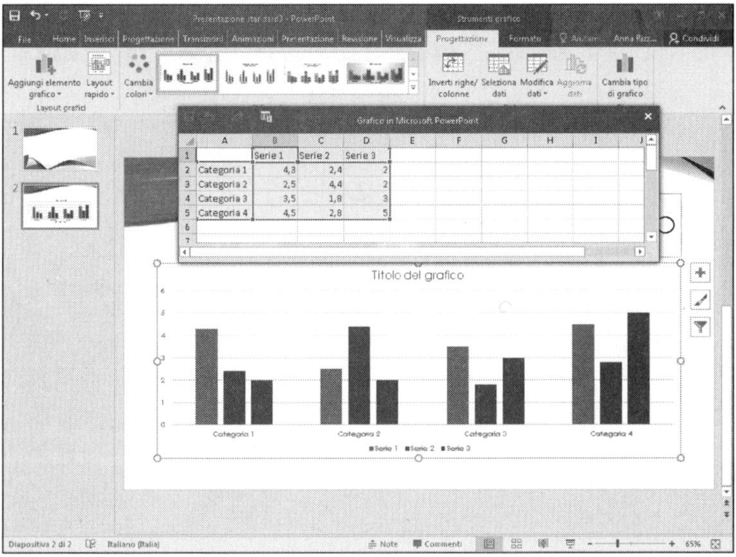

Figura 2.10 L'inserimento dei dati per il grafico.

L'utente può intervenire liberamente su entrambi i tipi di valori per ottenere il risultato desiderato. Modificando i dati nelle celle del foglio di lavoro, il grafico varia di conseguenza in tempo reale.

Tabelle

Una tabella è un elemento strutturato composto da righe e colonne che si intersecano formando celle rettangolari. Le celle contengono dati di varia tipologia, come numeri, date, scritte di testo.

Per inserire una tabella si procede come segue.

1. Fare clic sull'icona *Inserisci tabella* nella diapositiva, oppure sul pulsante *Tabella* nella scheda *Inserisci*.

2. Specificare il numero di righe e colonne di cui deve essere compo-

sta la tabella, inserendo il valore nella finestra di dialogo visualizzata o trascinando il puntatore del mouse per selezionare il numero di righe e colonne.

3. Se necessario, fare clic su *OK* (Figura 2.11).

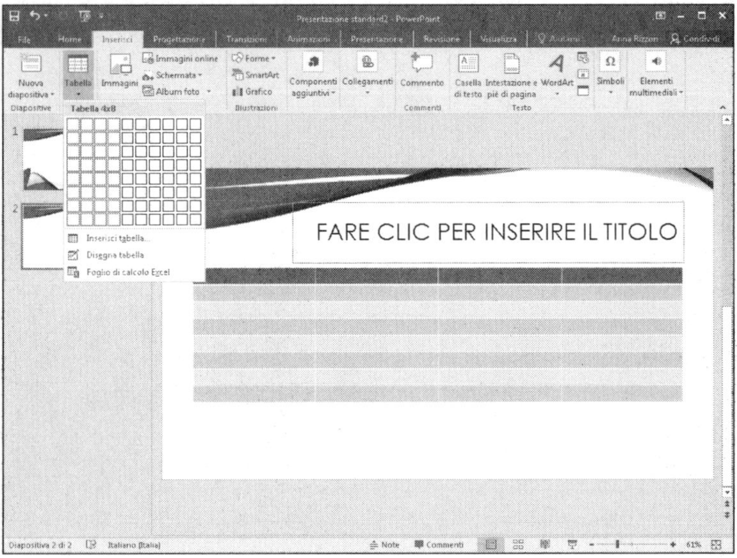

Figura 2.11 L'inserimento di una tabella.

Nella tabella visualizzata nell'area di lavoro, i valori possono essere inseriti dall'utente o trasferiti da Microsoft Excel, per esempio con un'operazione di "copia e incolla".

Video

Un filmato è una sequenza di immagini che simula il movimento di oggetti reali, persone o disegni animati. Per inserire un video si procede come segue.

1. Fare clic sulla scheda *Inserisci*.

2. Fare clic su *Video* nel gruppo *Elementi multimediali*.

3. Fare clic su *Video online* per cercare un video sul Web, oppure fare clic su *Video in PC personale* per selezionare un filmato disponibile sul computer.
4. Individuare il filmato desiderato e fare clic su *OK* (Figura 2.12).

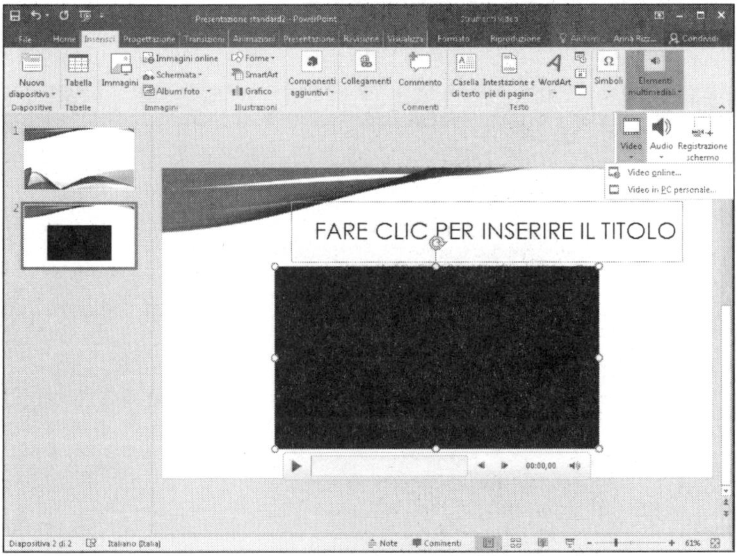

Figura 2.12 L'inserimento di un video in una diapositiva.

Audio

Quando si parla di "audio", ci si riferisce a particolari file il cui contenuto viene riprodotto per essere ascoltato attraverso gli altoparlanti o le cuffie.

Il termine "audio" viene associato normalmente alle canzoni o alla musica. Dei file audio, però, possono contenere anche la voce di una persona o dei suoni relativi a eventi specifici, come un applauso, le risate o il rombo di un motore che si allontana.

L'inserimento di file audio ed effetti sonori avviene in maniera analoga all'inserimento dei video.

1. Fare clic sulla scheda *Inserisci*.
2. Fare clic su *Audio* nel gruppo *Elementi multimediali*.
3. Selezionare *Audio in PC personale* per individuare un file audio sul proprio computer, oppure fare clic su *Registra audio* se si desidera creare al momento un file registrando suoni o voci.
4. Fare clic su *OK* una volta completata l'operazione (Figura 2.13).

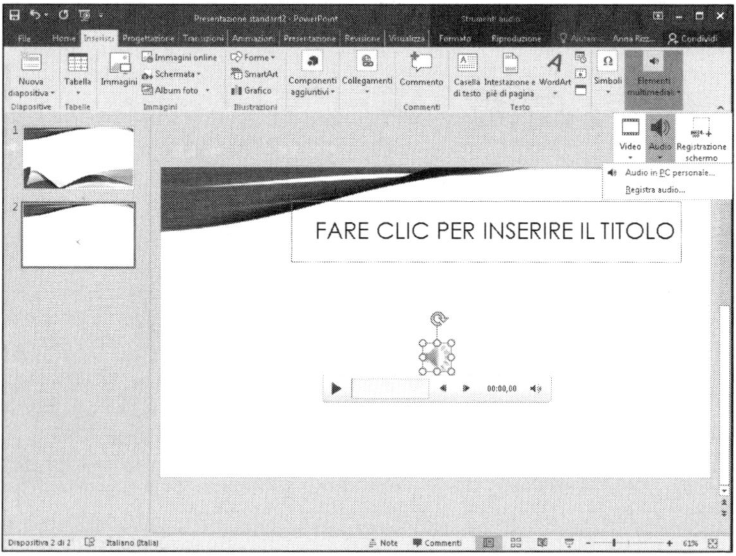

Figura 2.13 L'audio inserito in una diapositiva è rappresentato da un'icona e da un gruppo di pulsanti di riproduzione.

Altri oggetti

Per rendere le presentazioni più gradevoli possibile, Microsoft PowerPoint fornisce funzioni per inserire altri oggetti ancora, per esempio WordArt, SmartArt ed equazioni. La funzione WordArt esiste già da diversi anni nelle applicazioni Microsoft Office ed è utilizzata per convertire una scritta in un oggetto grafico con lo scopo di creare titoli o intestazioni più gradevoli rispetto alla visualizzazione di un semplice gruppo di caratteri.

Per trasformare una scritta in un oggetto WordArt si procede come segue.

1. Inserire il testo nella diapositiva.
2. Selezionare il testo.
3. Fare clic sulla scheda *Formato* nella sezione *Strumenti disegno* della barra multifunzione.
4. Fare clic su *Stili veloci* nel gruppo *Stili WordArt.*
5. Fare clic sulla miniatura desiderata tra quelle che appaiono nell'elenco a discesa (Figura 2.14).

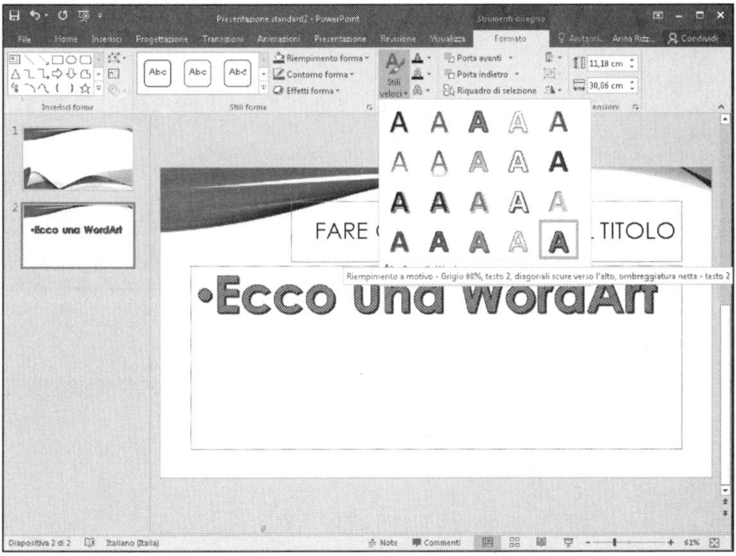

Figura 2.14 La creazione di testi "artistici" con WordArt.

Gli oggetti SmartArt, invece, vengono ottenuti convertendo elenchi di voci, anche con vari livelli di rientro, in strutture grafiche di aspetto gradevole.

Per inserire rapidamente un oggetto grafico SmartArt in una diapositiva, procedere come segue.

1. Fare clic sulla scheda *Inserisci.*
2. Fare clic su *SmartArt* nel gruppo *Illustrazioni.*

3. Nella finestra di dialogo che appare (Figura 2.15), selezionare il tipo di oggetto che si desidera aggiungere alla diapositiva.
4. Fare clic su *OK* per confermare.

Nella diapositiva viene inserito l'elemento grafico SmartArt, accanto al quale viene aperto un riquadro in cui inserire le voci dell'elenco (Figura 2.16).

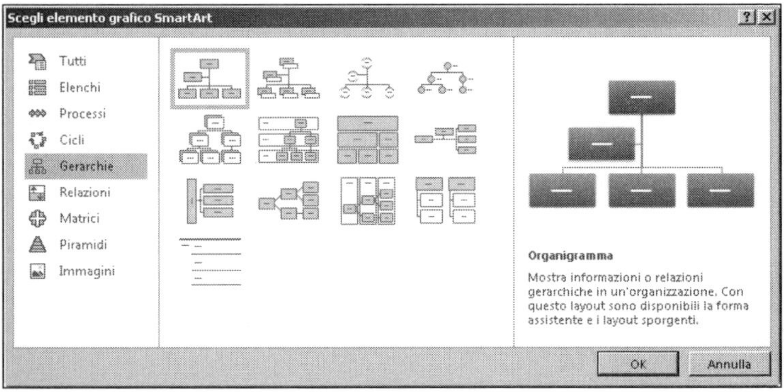

Figura 2.15 La scelta di un oggetto SmartArt.

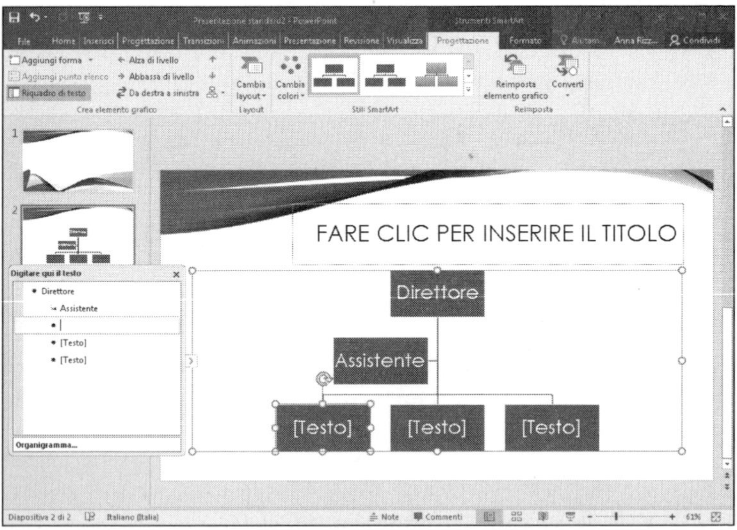

Figura 2.16 L'inserimento delle voci nell'elenco.

Infine, per aggiungere un'equazione si procede come segue.

1. Fare clic sulla linguetta *Inserisci*.
2. Fare clic su *Equazioni* nel gruppo *Simboli*.
3. Inserire l'equazione usufruendo degli strumenti visualizzati nella scheda *Progettazione* (Figura 2.17).

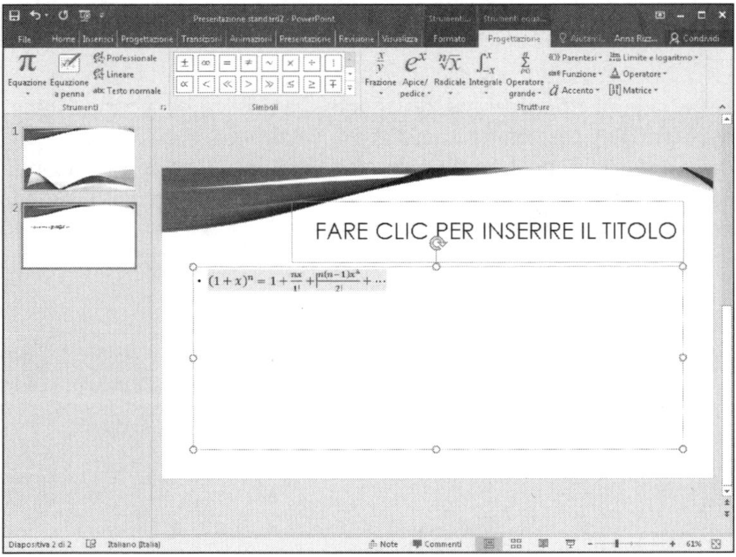

Figura 2.17 L'inserimento di un'equazione in PowerPoint.

Presentazione al pubblico

Una presentazione può dirsi terminata quando è pronta per essere mostrata al pubblico. Viene creata diapositiva dopo diapositiva, modellata nei contenuti, rifinita nell'aspetto e curata nei particolari; il tutto per raggiungere lo scopo principe per cui è nata: avviarne la riproduzione a video mentre l'oratore parla agli ascoltatori.

Per avviare una presentazione, il metodo più comodo è premere F5. In alternativa, è possibile:

- fare clic sulla scheda *Presentazione* (Figura 2.18);
- fare clic sull'icona *Dall'inizio* nel gruppo *Avvia presentazione* per riprodurre la presentazione dalla prima diapositiva, oppure fare

clic su *Dalla diapositiva corrente* per avviare la presentazione dalla diapositiva attualmente visualizzata.

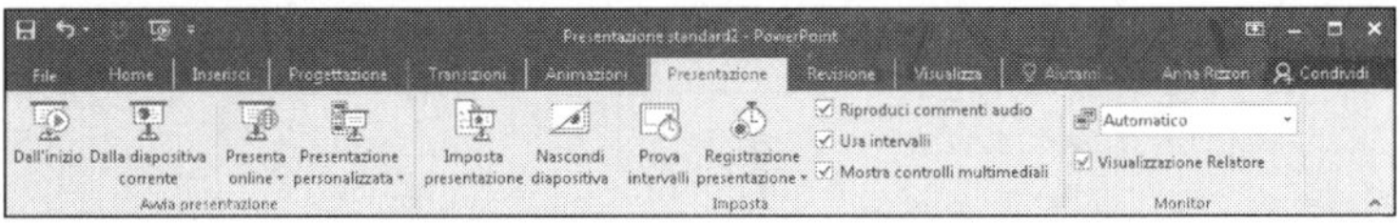

Figura 2.18 Le opzioni di presentazione sulla barra multifunzione.

Nella fase di riproduzione, le singole diapositive occupano l'intero schermo. Per passare da una diapositiva all'altra, si può premere un tasto o fare clic con il tasto del mouse. In fase di creazione si può inoltre configurare la durata di ogni singola diapositiva per consentire la riproduzione automatica dell'intera presentazione.

Capitolo 3

Tecniche e strumenti

Per avere un aspetto gradevole dal punto di vista estetico, e quindi un risultato più efficace nella presentazione, l'inserimento dei contenuti in una diapositiva dovrebbe rispettare determinati canoni. I testi, le immagini e gli altri oggetti presenti nell'area di lavoro, per esempio, devono essere riportati con un giusto equilibrio.

In genere, è opportuno che ogni diapositiva contenga un solo elemento informativo, riportato schematicamente. La presenza di troppi oggetti, infatti, potrebbe provocare quello che in gergo si chiama "rumore informativo". Risulta più difficile, infatti, individuare gli elementi principali di una diapositiva quando questa contiene troppe scritte o troppa grafica.

Un metodo che fornisce ampie garanzie di un valido raggiungimento dell'obiettivo è quello di creare una nuova presentazione attraverso la scelta di uno dei temi grafici disponibili. Anche le nuove diapositive è opportuno crearle in modo standard, utilizzando i modelli precostituiti nell'elenco *Nuova diapositiva* della scheda *Inserisci*.

Manipolazione di oggetti

Dopo aver creato una o più diapositive, però, non si può escludere di dover intervenire comunque manualmente per aggiungere, spostare o eliminare oggetti.

Dunque è necessario conoscere le azioni che possono essere eseguite e quali sono gli strumenti più adatti per eseguirle. Tutti agiscono su "oggetti", intendendo con questo termine i singoli elementi che fanno parte di una diapositiva e che, quando vengono selezionati, vengono circondati dal riquadro di selezione.

Il riquadro di selezione è riconoscibile dal fatto che è di forma rettangolare, è costituito da linee tratteggiate e circonda l'oggetto interessato. A metà dei quattro lati del rettangolo e in corrispon-

denza dei suoi vertici, inoltre, appaiono dei cerchietti che vengono utilizzati, trascinandoli, per modificarne le dimensioni.

Spostamento e allineamento

Per spostare un oggetto da una zona all'altra della stessa diapositiva, la prima azione da eseguire è fare clic sull'oggetto per selezionarlo e far apparire il riquadro di selezione. A questo punto si può posizionare il puntatore su uno dei lati del riquadro di selezione per visualizzare il controllo di spostamento, fare clic e trascinare l'oggetto, rilasciandolo nel punto di destinazione.

In questa fase, PowerPoint 2016 aiuta l'utente in due modi.

- Durante lo spostamento fa apparire delle guide tratteggiate per facilitare l'allineamento ad altri oggetti.
- Gestisce l'aggancio di un oggetto alle guide tratteggiate.

Le guide di allineamento appaiono quando l'oggetto in fase di spostamento ha un lato allineato in orizzontale o in verticale a qualche altro oggetto della diapositiva (Figura 3.1). Appaiono anche quando il centro dell'elemento che si sta trascinando si trova allineato al punto centrale di uno degli altri oggetti.

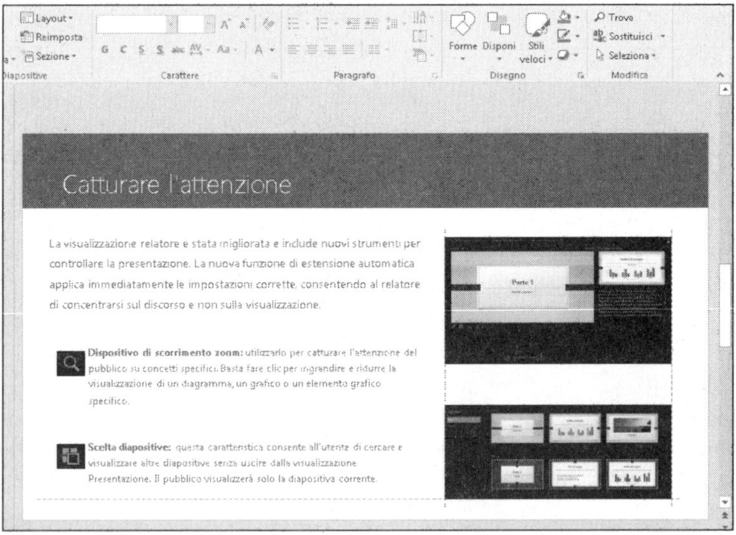

Figura 3.1 Le guide di allineamento degli oggetti durante uno spostamento.

In ogni caso, quando appaiono queste guide, è come se l'elemento che si sta spostando fosse "calamitato" perché vi rimane agganciato: lo scopo è evitare che un piccolo movimento del mouse costringa l'utente a impiegare più tempo per capire se è stato raggiunto il punto finale di destinazione.

Spostamento tra diapositive

Per spostare un oggetto da una diapositiva a un'altra, le operazioni da eseguire sono quelle della tecnica "taglia e incolla". È sufficiente selezionare un oggetto, premere Ctrl+X o fare clic sull'icona *Taglia* nel gruppo *Appunti* della scheda *Home*, portarsi nella diapositiva di destinazione e quindi premere Ctrl+V o fare clic sull'icona *Incolla*.

L'oggetto incollato viene visualizzato esattamente nella stessa posizione che occupava nella diapositiva da cui è stato tagliato (o copiato).

Non è detto che l'inserimento di un oggetto debba essere obbligatoriamente legato alla sua eliminazione dalla diapositiva di partenza. Se, al posto del comando Taglia *si utilizza* Copia *(o si preme Ctrl+C), l'oggetto originale rimane al suo posto.*

Strumenti di lavoro

Considerando che l'equilibrio degli elementi nella visualizzazione di un'immagine viene percepito come discriminante tra una diapositiva di aspetto professionale e una realizzata in modo artigianale, avere strumenti che possono aiutare in questa fase facilita il lavoro di chi deve crearla.

A questo scopo, PowerPoint 2016 fornisce strumenti come il righello (Figura 3.2), la griglia e le guide, che possono aiutare parecchio chi è impegnato nella realizzazione materiale delle diapositive, in modo del tutto analogo a quando si lavora con un tavolo da disegno.

I tre strumenti possono essere attivati e disattivati in qualsiasi momento con la relativa casella di controllo nella scheda *Visualizza*. Per quanto riguarda le guide, PowerPoint inizialmente ne visualizza due, una verticale e una orizzontale, per marcare il centro della diapositiva. Nulla vieta però di crearne altre, trascinandole dai righelli orizzontale e verticale.

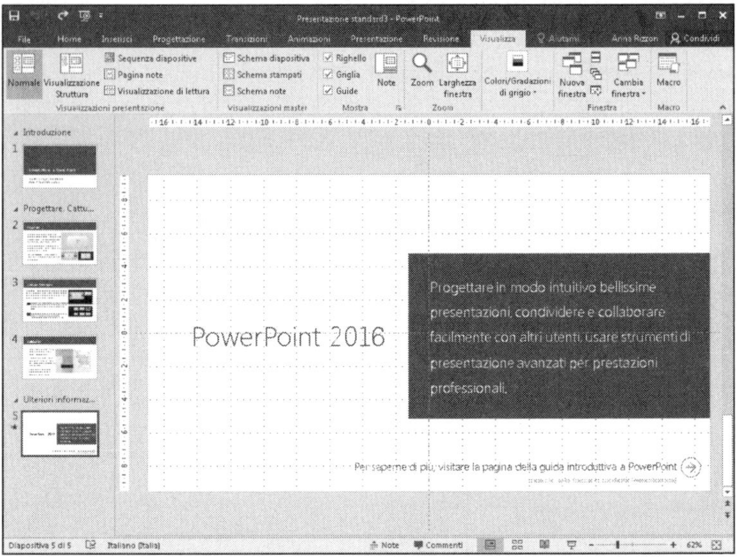

Figura 3.2 Griglie, guide e righelli.

Le guide sono "calamitate", per cui possono essere sfruttate per il posizionamento degli oggetti.

Per allineare gli oggetti nella diapositiva e tra loro, PowerPoint fornisce anche un altro strumento o, meglio, un'intera raccolta di strumenti chiamata *Allinea*, di cui si parla più avanti.

Oggetti e livelli

Un'altra esigenza che può avvertire chi lavora con gli oggetti in una diapositiva è il fatto che due o più degli oggetti presenti possono sovrapporsi, in tutto o in parte. Il problema sorge quando l'oggetto che si desidera visualizzare per intero in primo piano appare, invece, parzialmente sotto un altro elemento della diapositiva.

In una diapositiva PowerPoint, a ogni oggetto viene assegnato un livello, il cui numero è progressivo e comincia dal primo elemento che viene inserito. Quindi, il primo oggetto inserito si troverà sul livello 1, il secondo sul livello 2 e così via.

Per visualizzare correttamente un oggetto che è stato coperto da un altro, è sufficiente cambiare il livello su cui si trova. Per queste operazioni PowerPoint mette a disposizione le funzioni *Porta* nel riquadro *Disponi* della scheda *Formato* (visualizzata quando si seleziona un oggetto).

- *Porta avanti* permette di spostare un oggetto sul livello immediatamente successivo (dal livello 4 al livello 5, per esempio).
- *Porta in primo piano* (attivabile facendo clic sulla freccia del pulsante *Porta avanti*) consente invece di trasferire l'oggetto sul livello più in alto di tutti, quindi in primo piano rispetto a tutti gli altri oggetti.
- *Porta indietro* permette di spostare un oggetto sul livello immediatamente precedente (dal livello 5 al livello 4, per esempio).
- *Porta in secondo piano* (attivabile facendo clic sulla freccia del pulsante *Porta indietro*) consente invece di trasferire l'oggetto sul livello più in basso di tutti (il livello 1), quindi dietro tutti gli altri oggetti.

Un esempio di situazione nella quale quest'ultima evenienza potrebbe tornare utile è la presenza di un oggetto audio, come il rumore di un applauso o un brano musicale. "Nascondendolo" in un livello sottostante a un altro oggetto, i suoni vengono ascoltati, ma l'icona dell'audio non viene visualizzata nella diapositiva.

Raggruppamento e separazione

Durante il lavoro su una diapositiva contenente più oggetti, è facile accorgersi di aver trovato una soluzione grafica soddisfacente nella quale due o più elementi costituiscono un insieme esteticamente valido ai fini della presentazione. In questi casi, da una serie di oggetti si può creare un oggetto unico solo utilizzando la funzione *Raggruppa*.

L'esigenza viene sentita maggiormente quando si lavora con disegni e grafici, ma la funzione è utilizzabile normalmente con qualsiasi tipo di oggetto, caselle di testo e oggetti multimediali compresi. Per riunire più oggetti in un singolo gruppo si procede come segue.

1. Selezionare i vari oggetti, facendo Ctrl+clic sugli stessi o racchiudendoli in un perimetro di selezione con il mouse.
2. Fare clic sulla scheda contestuale *Formato*.

3. Fare clic sul pulsante *Raggruppa* nel gruppo *Disponi*.
4. Fare clic su *Raggruppa* (Figura 3.3).

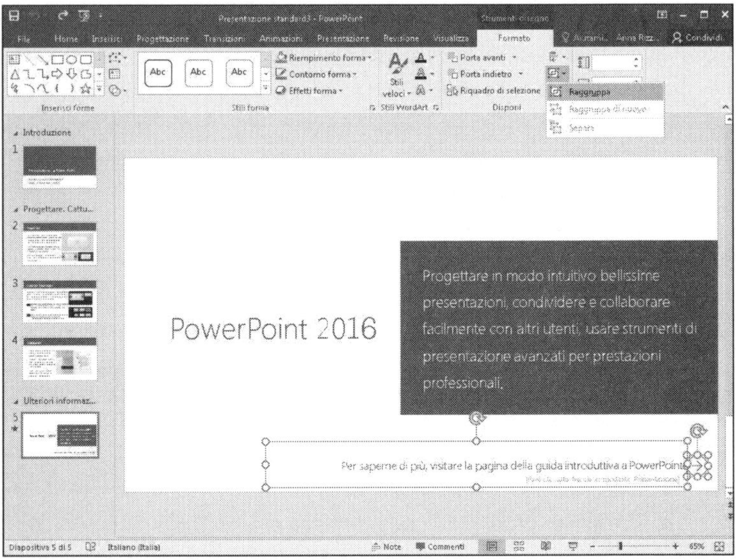

Figura 3.3 La creazione di un gruppo.

Come risultato si ottiene la visualizzazione di un unico riquadro di selezione intorno al nuovo elemento. Da questo momento è possibile lavorare con l'oggetto normalmente, considerandolo a tutti gli effetti come uno solo.

PowerPoint fornisce anche la funzione per eseguire l'operazione opposta, quella della separazione di un oggetto nelle sue parti componenti. È sufficiente selezionare l'oggetto raggruppato e fare clic sulla voce *Separa* del menu che viene aperto facendo clic sul pulsante *Raggruppa*.

Dopo aver separato un gruppo negli oggetti che lo compongono, è possibile ricostituirlo rapidamente selezionando la voce Raggruppa di nuovo *dal medesimo menu.*

Allineamento di oggetti

Il gruppo *Disponi* della scheda *Formato* comprende comandi che agiscono sull'aspetto e sulla posizione di oggetti di vario genere. Il pulsante *Allinea oggetti* permette di aprire un sottomenu contenente i comandi per l'allineamento degli oggetti (Figura 3.4).

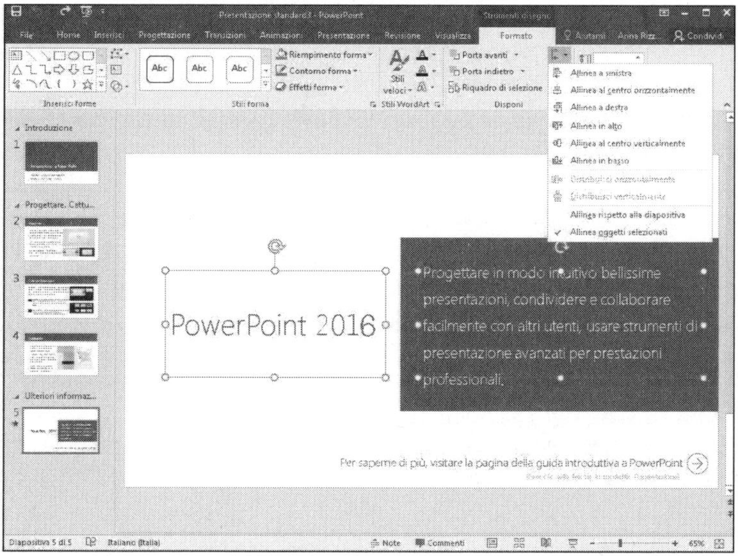

Figura 3.4 Le voci per l'allineamento.

Le voci del primo gruppo permettono di allineare gli oggetti selezionati lungo l'asse orizzontale della diapositiva (a sinistra, al centro orizzontalmente oppure a destra), mentre quelle del secondo gruppo consentono l'allineamento lungo l'asse verticale (in alto, al centro verticalmente o in basso).

PowerPoint permette anche di ottenere una disposizione per distanze omogenee in orizzontale o in verticale con le voci *Distribuisci orizzontalmente* e *Distribuisci verticalmente.*

Quando si selezionano almeno due oggetti per allinearli tra loro, nel menu Allinea *è selezionata la voce* Allinea oggetti selezionati; *se invece viene selezionato un singolo oggetto, per allinear-*

lo per esempio al centro della diapositiva, la voce selezionata è Allinea rispetto alla diapositiva.

Rotazione e capovolgimento di oggetti

La rotazione è un'azione con la quale l'oggetto viene ruotato intorno al suo punto centrale, che rimane fisso nella sua posizione attuale sulla pagina. Una rotazione può avvenire in senso orario o antiorario. Le funzioni presenti nei menu di PowerPoint permettono di eseguire la rotazione di 90° oppure secondo un angolo scelto dall'utente.

Il capovolgimento di un oggetto, invece, è l'azione con la quale l'elemento viene trasformato nel suo corrispondente speculare, in senso orizzontale o in quello verticale.

Per ruotare o capovolgere un oggetto occorre selezionarlo e fare clic su *Home > Disegno > Disponi* per aprire il relativo menu a discesa. Facendo clic sull'icona *Ruota* viene aperto il sottomenu specifico.

A questo punto si può decidere di fare clic su *Ruota a destra di 90°*, *Ruota a sinistra di 90°*, *Capovolgi verticalmente*, *Capovolgi orizzontalmente* o *Altre opzioni rotazione*. Le prime quattro voci agiscono immediatamente sull'oggetto, ruotandolo a sinistra o a destra oppure riflettendolo in orizzontale o verticale. Facendo clic sulla quinta voce, invece, viene aperto il riquadro attività *Formato forma*.

La sezione *Dimensioni* del riquadro riporta una serie di proprietà dell'oggetto selezionato: quella che ci interessa in questo caso è *Rotazione*. Si può scrivere il numero di gradi direttamente nella casella oppure modificarlo di un grado alla volta, facendo clic sui piccoli pulsanti a forma di triangolo sulla destra (Figura 3.5).

In alternativa alle azioni descritte, gli oggetti possono essere ruotati anche con un'azione di trascinamento eseguita con il mouse. Si agisce sul controllo a forma di cerchio che appare su un qualsiasi riquadro di selezione, poco distante dall'oggetto e collegato a esso per mezzo di un piccolo tratto di linea. Questo controllo è visibile nella figura precedente.

Portando il puntatore sul piccolo cerchio, la forma del puntatore del mouse cambia mostrando una freccia circolare, a indicare che in quel momento si può eseguire una rotazione dell'oggetto collegato.

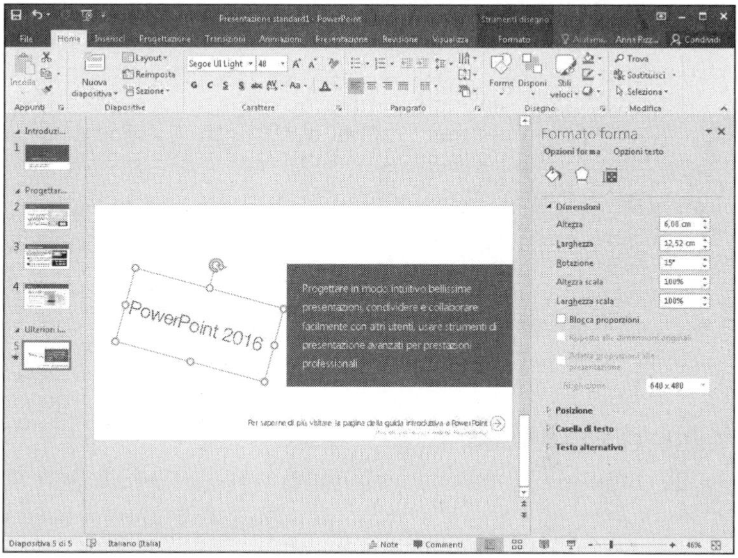

Figura 3.5 La rotazione di un oggetto.

In questo caso, la rotazione avviene "a vista", trascinando il controllo in senso orario o antiorario e guardando l'oggetto che ruota sulla diapositiva. Si decide di fermarsi quando si stabilisce che l'inclinazione corrente raggiunta dall'oggetto è quella valida per i propri scopi.

Ridimensionamento di oggetti

Nel paragrafo precedente è stato aperto il riquadro attività *Formato forma*, che come si può facilmente osservare contiene anche le opzioni per il ridimensionamento di un oggetto.

Il riquadro attività può essere aperto facendo clic sul pulsante di visualizzazione nell'angolo inferiore destro della sezione Disegno *nella scheda* Formato *della barra multifunzione. Per visualizzare le opzioni relative alla dimensione è sufficiente fare clic sulla terza icona in alto, chiamata* Dimensioni e proprietà.

Le caselle *Altezza* e *Larghezza* permettono di inserire valori specifici per le due dimensioni di un qualsiasi oggetto. In alternativa, è possibile specificare un valore percentuale nelle caselle *Altezza scala* e *Larghezza scala* per aumentare o diminuire le dimensioni di un oggetto in base a una determinata percentuale (per esempio, specificando *200%* si raddoppia una dimensione). Per mantenere le proporzioni dell'oggetto (vale a dire il medesimo rapporto tra altezza e larghezza dello stesso), fare clic sulla casella di controllo *Blocca proporzioni.*

Un'altra tecnica per modificare le dimensioni di un oggetto "a occhio" consiste nel trascinare i controlli di ridimensionamento che appaiono attorno all'oggetto selezionato. In questo caso, per mantenere le proporzioni di un oggetto è sufficiente tenere premuto Maiusc durante il trascinamento. Con il tasto Ctrl, invece, è possibile ridimensionare l'oggetto mantenendo fisso il suo punto centrale.

Riempimenti e linee

Il colore di sfondo e il contorno di una casella di testo o di qualsiasi altra forma possono essere modificati dal sempre utile riquadro attività *Formato forma*. In questo caso si utilizzano le opzioni corrispondenti alla prima icona, chiamata appunto *Riempimento e linea*.

Il punto di partenza è sempre la selezione dell'oggetto. Dopodiché, nella sezione *Riempimento* del riquadro attività si può fare clic su una delle opzioni disponibili per scegliere il riempimento da applicare all'oggetto.

- *Nessun riempimento* permette di applicare uno sfondo trasparente all'oggetto; in questo modo, è possibile intravedere gli oggetti sottostanti o il colore di sfondo della diapositiva.
- *Riempimento a tinta unita* permette di scegliere un colore da applicare allo sfondo. Quando si fa clic sul pulsante per la scelta del colore, viene aperto il selettore colori di PowerPoint, che contiene nella parte superiore i colori del tema per aiutare l'utente a realizzare una presentazione coerente e gradevole (Figura 3.6). Una volta scelto il colore gli si può anche applicare un certo grado di trasparenza.

È sempre utile scegliere di utilizzare i colori del tema, non solo per una questione di coerenza visiva, ma anche perché nel momento in cui si dovesse decidere di cambiare il tema, verrebbero modificati automaticamente anche tutti gli oggetti che ne utilizzano i colori.

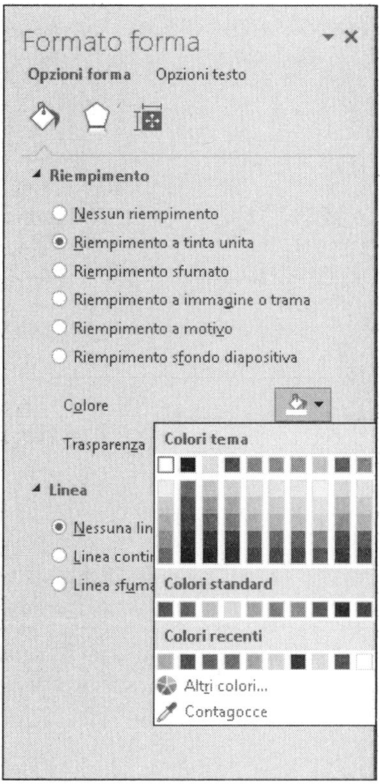

Figura 3.6 I colori disponibili per il riempimento di un oggetto.

- *Riempimento sfumato*, come suggerito dal nome, permette di applicare all'oggetto una sfumatura. La funzionalità relativa di PowerPoint è davvero avanzata, in quanto mette a disposizione sia una serie di sfumature predefinite per gli utenti alle prime armi, sia tutti i controlli per modificare a piacere tale sfumatura (Figura 3.7).
- *Riempimento a immagine o trama* permette di applicare un'immagine come sfondo dell'oggetto. Per *trama* si intende un'immagine che viene affiancata e ripetuta più volte fino a occupare l'intera area dell'oggetto.
- *Riempimento a motivo* crea uno sfondo basato su un *motivo*, ovvero una sequenza di linee o puntini che creano un'immagine gradevole.

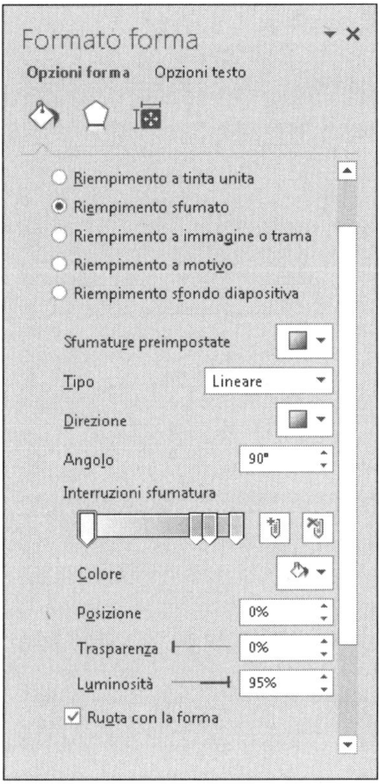

Figura 3.7 Le opzioni per i riempimenti sfumati.

- *Riempimento sfondo diapositiva*, infine, consente di applicare all'oggetto lo stesso sfondo utilizzato per la diapositiva. In questo caso, se si cambia lo sfondo della diapositiva viene cambiato anche lo sfondo dell'oggetto.

La sezione *Linea* presenta invece le opzioni per definire il contorno dell'oggetto.

- *Nessuna linea* permette di non applicare alcun contorno all'oggetto.
- *Linea continua* consente di applicare una linea di contorno all'oggetto e di definirne le caratteristiche (Figura 3.8). È bene sottolineare che questa opzione consente di creare anche linee tratteggiate e frecce.

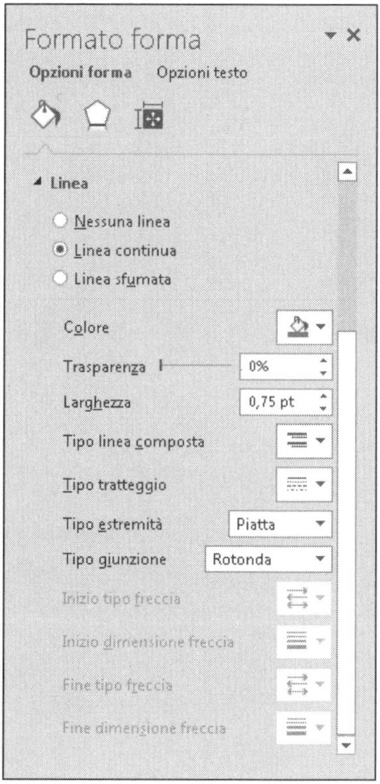

Figura 3.8 Le opzioni per le linee.

- *Linea sfumata*, infine, consente di aggiungere una sfumatura come contorno. Le opzioni sono le stesse disponibili per i riempimenti sfumati.

Effetti

La sezione *Effetti* del riquadro attività *Formato forma* mette a disposizione una serie di effetti suddivisi per tipologia, i cui nomi indicano il tipo di risultato che può essere ottenuto (Figura 3.9).

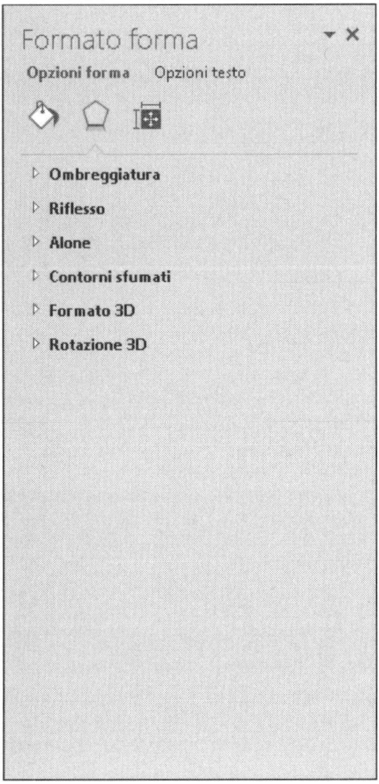

Figura 3.9 Gli effetti disponibili in PowerPoint.

- *Ombreggiatura* consente di applicare un'ombra all'oggetto selezionato. Sono disponibili diversi tipi di ombre predefiniti, ma è anche possibile regolare autonomamente ogni aspetto (colore, trasparenza, dimensioni, sfocatura e così via) di questo effetto.
- *Riflesso* crea un riflesso simile a quello che si potrebbe ottenere sull'acqua.
- *Alone* genera un alone intorno all'oggetto, mettendolo in evidenza.
- *Contorni sfumati* permette di attenuare il contorno dell'oggetto sfumandolo.
- *Formato 3D* e *Rotazione 3D* applicano all'oggetto formati complessi che lo fanno apparire come se fosse tridimensionale.

La Figura 3.10 mostra i risultati che si possono ottenere applicando gli effetti sopra citati a un semplice rettangolo. Nella prima riga, procedendo da sinistra a destra, sono stati applicati effetti di ombreggiatura, riflesso e alone. Nella seconda riga, gli effetti applicati sono la sfumatura dei contorni, il formato 3D e la rotazione 3D.

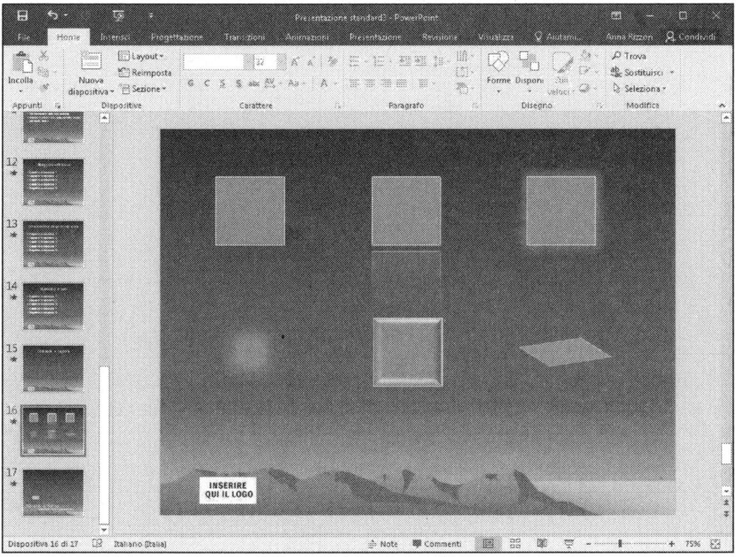

Figura 3.10 Alcuni esempi di applicazione degli effetti.

Capitolo 4

Progettazione e strutturazione

L'immagine fornita da una combinazione di colori può fare la differenza, così come l'utilizzo di un certo tipo di carattere invece di un altro. L'insieme delle scelte deve essere fatto con competenza, per evitare di trovarsi con diapositive nelle quali manca l'equilibrio tra i componenti oppure con una presentazione nella quale la parte estetica cambia in modo da far mancare la coerenza tra una diapositiva e le altre.

Chi lavora con PowerPoint può decidere in prima persona come organizzare l'aspetto grafico delle diapositive, impostando i valori di proprietà come linee, sfondi, tipo e dimensioni dei caratteri. Chi ha esperienza nel campo potrà modificare autonomamente tutte le variabili a livello estetico; chi invece non ritiene di disporre delle conoscenze necessarie potrà affidarsi ai temi e ai modelli di PowerPoint.

Temi e modelli

Un *tema* può essere definito come l'insieme delle caratteristiche estetiche e strutturali che impostano l'aspetto di ognuna delle diapositive della presentazione.

Un *modello*, invece, è una struttura di presentazione precostituita che ha un determinato obiettivo di comunicazione. Un modello ha un tema ben preciso ed è formato da una serie di diapositive già predisposte per i diversi argomenti da proporre al pubblico, in ognuna delle quali formalmente si dovrebbero solo inserire i contenuti.

Solo a titolo di esempio, un semplice modello per la presentazione di un corso potrebbe essere composto da:

- una diapositiva nella quale bisogna solo inserire il titolo, la data, la sede e la struttura che organizza il corso;
- una seconda nella quale si inseriscono i riferimenti del relatore;
- una diapositiva generica intermedia per indicare un titolo e un contenuto, duplicabile a piacere;

- una finale nella quale si riassumono i principali argomenti e si salutano i partecipanti.

La completezza o meno della sequenza può essere decisa solo dall'utente. Il tema o il modello vengono generalmente selezionati durante la creazione della nuova presentazione, di cui si è già parlato nel Capitolo 1.

Scelta di un modello

Chi crea una presentazione progetta le diapositive in modo che l'argomento da trasmettere al pubblico venga sviluppato al meglio lungo l'arco della sequenza di immagini. Nella fase di creazione dunque, si devono progettare i tipi di scritte e le scelte di natura grafica che rispondono ai requisiti di progetto, partendo da zero. Per comprimere in modo netto i tempi di sviluppo, PowerPoint 2016 fornisce una serie di modelli, nei quali vengono proposte strutture di presentazioni già pronte per gli ambiti più comuni.

La casella di ricerca nella finestra *Nuovo* (scheda *File*) permette di individuare migliaia di temi e modelli disponibili online. Scegliamo a titolo di esempio la presentazione di una strategia di vendita (Figura 4.1).

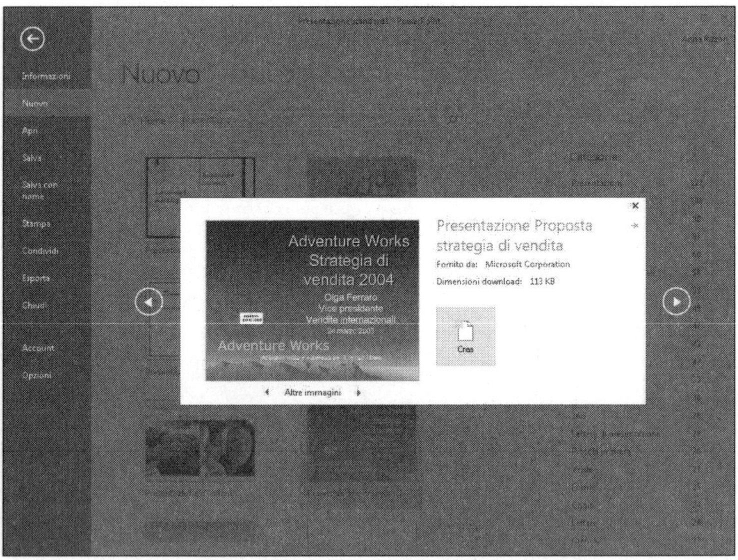

Figura 4.1 La creazione di una presentazione basata su un modello.

Facendo clic su *Crea* viene creata una nuova presentazione basata sul modello scelto. Come è facile osservare sia nella visualizzazione *Normale* sia in *Sequenza diapositive*, il modello prevede tutta una serie di diapositive precompilate che l'autore della presentazione dovrà semplicemente modificare in base alle proprie necessità (Figura 4.2).

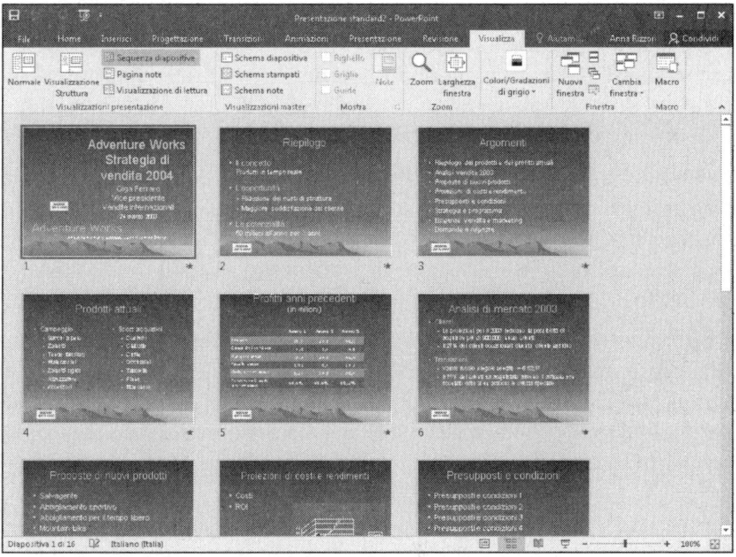

Figura 4.2 Le diapositive predefinite di un modello.

Sfruttando un modello orientato ai propri scopi, insomma, si può creare una presentazione completa in tempi estremamente ridotti.

Creazione di un modello

Quando si riesce a trovare un modello di presentazione valido, il vantaggio che ne deriva è notevole. Non sempre è possibile, però, per vari motivi: perché la grafica non è adatta ai propri scopi, perché non ce n'è una esattamente correlata agli argomenti da esporre o magari perché si lavora in un ambito diverso da quelli coperti dai modelli disponibili.

Per superare questa difficoltà, PowerPoint permette di creare un proprio modello. L'operazione può essere decisa sia per se stessi, sia per mettere il risultato a disposizione di colleghi e collaboratori del proprio gruppo di lavoro.

L'obiettivo principale dell'utilizzo di un modello è ridurre i tempi di sviluppo di una presentazione, mantenendo un'impostazione grafica uniforme e coerente con gli obiettivi di comunicazione.

Per esempio, già avere un semplice modello che contenga il logo e i colori sociali della struttura di appartenenza in tutte le diapositive offrirebbe un notevole vantaggio alle persone di quella organizzazione che devono creare presentazioni.

Per realizzare un modello in PowerPoint 2016, si comincia creando una serie di diapositive disposte in una sequenza logica. Si possono inserire scritte in caselle di testo, immagini e altri oggetti da proporre come campioni da sostituire nel momento in cui il modello viene utilizzato.

Dopo aver messo a punto quella che può essere considerata come una presentazione tipo, al termine occorre fare clic su *File > Salva con nome*, fare clic sul pulsante *Sfoglia*, inserire il nome che si intende assegnare al modello nella casella *Nome file* e, nella casella *Salva come*, scegliere *Modello di PowerPoint*.

Non è necessario scegliere la cartella di salvataggio perché PowerPoint la seleziona automaticamente senza chiedere l'intervento dell'utente.

Dopo aver fatto clic su *Salva*, è possibile utilizzare il modello in fase di creazione di una nuova presentazione facendo clic su *Personali* nella finestra *File > Nuovo*.

Modifica del tema

Come è già stato spiegato, la scelta del tema avviene *in primis* nella finestra *Nuovo*. Nulla vieta però di cambiare idea in un secondo momento e applicare un tema diverso alla presentazione creata. I controlli relativi sono disponibili nella scheda *Progettazione* della barra multifunzione (Figura 4.3).

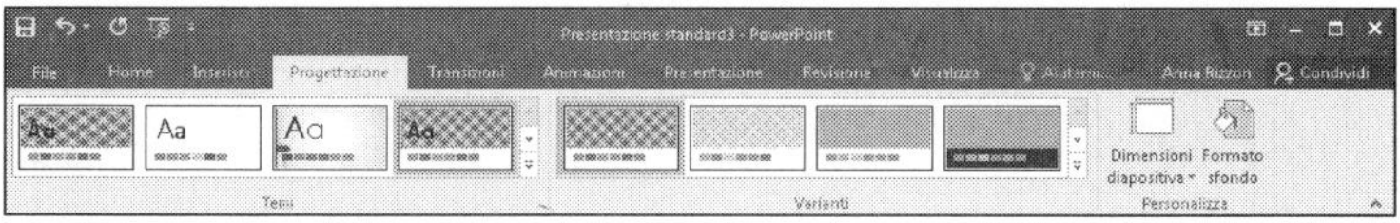

Figura 4.3 Le opzioni per i temi.

Per applicare un tema differente alla presentazione attiva, è sufficiente fare clic su uno dei temi proposti nel riquadro *Temi*. Per visualizzarli tutti, fare clic sul pulsante con la freccia rivolta in basso del riquadro. Inoltre, è possibile cambiare la combinazione di colori utilizzata nella presentazione facendo clic su una delle proposte nel riquadro *Varianti*. La Figura 4.4 mostra la stessa presentazione della Figura 4.2 a cui sono stati applicati un tema e una variante di colore diversi.

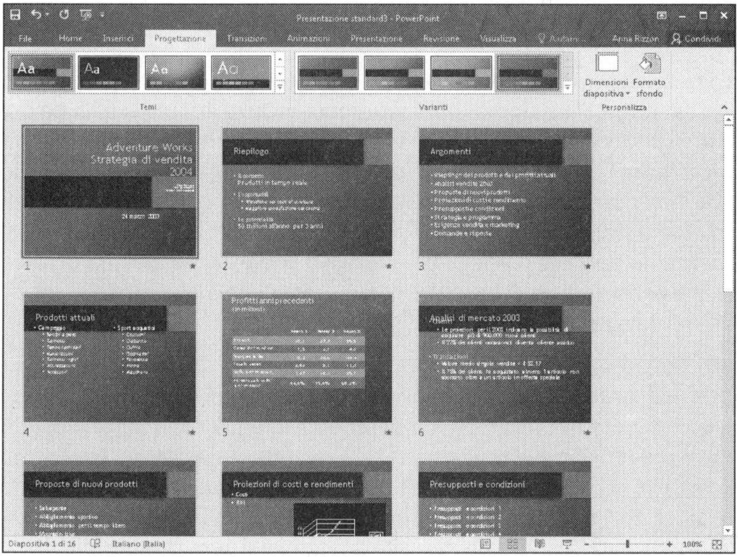

Figura 4.4 Una presentazione può apparire notevolmente diversa se si cambia il suo tema.

Accanto alle miniature delle varianti un pulsante con una freccia rivolta verso il basso permette di aprire il sottomenu delle altre eventuali modifiche eseguibili sul tema corrente.

- Selezionando *Colori* vengono visualizzate numerose combinazioni di colori coordinati tra loro, tra cui è possibile scegliere quella che si preferisce.
- In *Tipi di caratteri* si scelgono i tipi di caratteri coordinati da utilizzare nelle diapositive (in genere un tipo di carattere per i titoli e uno per il testo normale).
- L'elenco *Effetti* mostra combinazioni grafiche relative a oggetti, forme geometriche e frecce, piatti o tridimensionali, in rilievo o incassati, il cui aspetto definitivo viene scelto in modo visuale.
- In *Stili sfondo* si può cambiare il colore di sfondo delle diapositive e il tipo di riempimento. Da una tinta unita si può passare a una sfumata, ma si può anche aggiungere un'immagine, una trama o un motivo.

Strutturazione della presentazione

È stato visto finora che un modello fornisce un contenuto predefinito per un particolare tipo di presentazione, mentre il tema si occupa del suo aspetto estetico. Il compito dell'utente diventa quindi quello di modificare i contenuti delle diapositive affinché riportino il messaggio che si desidera trasmettere. Se per esaminare e modificare il contenuto di una singola diapositiva si può utilizzare tranquillamente la visualizzazione *Normale* predefinita, quando si vuole dare uno sguardo d'insieme al contenuto di testo di una presentazione è preferibile ricorrere alla visualizzazione *Struttura* (Figura 4.5).

Nel riquadro di sinistra è riportato tutto il testo contenuto nella diapositiva, organizzato secondo una sequenza logica basata su rientri. È quindi possibile agire da qui per modificare più facilmente il contenuto predefinito. Nella visualizzazione *Struttura* si possono anche trascinare le diapositive per modificarne l'ordine e adeguarlo al risultato desiderato. I comandi che possono essere sfruttati in questa visualizzazione si trovano nel menu di scelta rapida che si apre facendo clic con il tasto destro del mouse all'interno del riquadro della struttura. A titolo di esempio, il comando *Abbassa di livello* permette di trasformare l'elemento selezionato in un oggetto di livello inferiore: un punto elenco viene sostituito da un punto elenco inferiore, mentre una diapositiva viene trasformata in un elenco puntato. *Alza di livello*, invece, permette di creare una diapositiva se utilizzato su un punto elenco di primo livello (Figura 4.6).

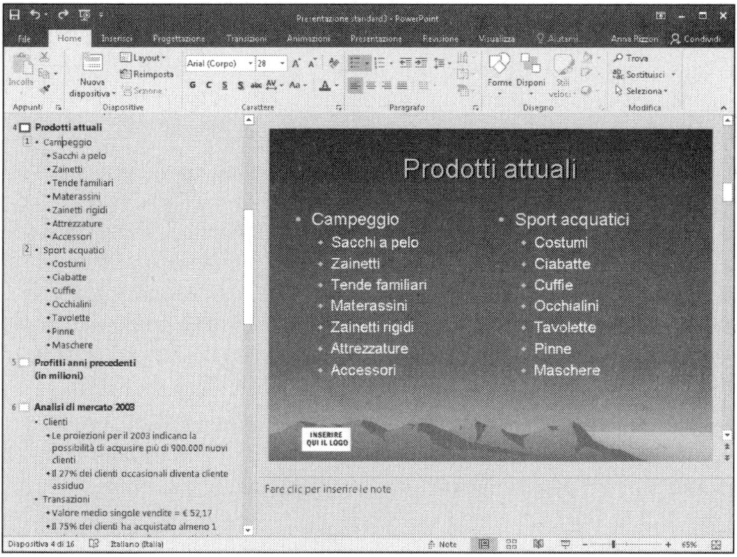

Figura 4.5 La struttura della presentazione.

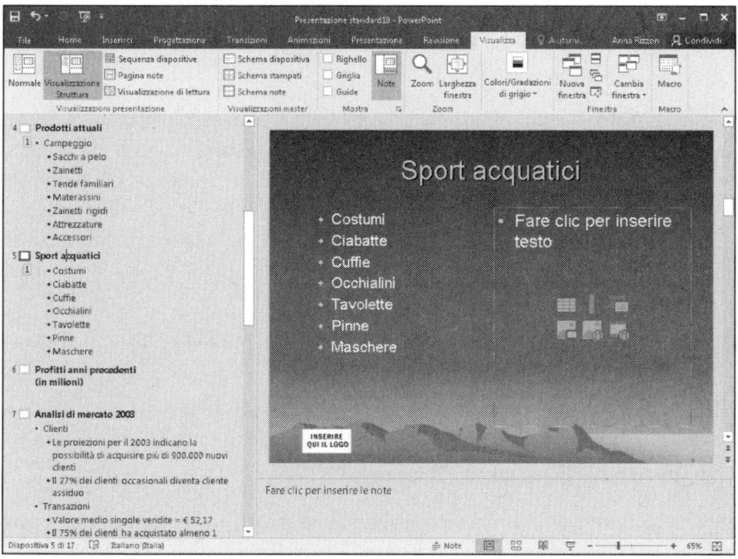

Figura 4.6 Si confronti la struttura con quella della Figura 4.5 per esaminare il risultato dell'applicazione di Alza di livello alla voce Sport acquatici.

Schemi diapositive

A ogni diapositiva di PowerPoint è associato uno *schema*, che potremmo altresì definire come un "modello" in cui vengono inseriti i vari componenti predefiniti di un particolare tipo di diapositiva.

Uno schema potrà quindi contenere uno sfondo, caselle di testo e segnaposto per oggetti, o magari un logo o un'immagine che dovranno comparire su tutte le diapositive di quel tipo specifico. Solitamente, in alto quasi tutte le strutture hanno lo spazio per la scritta destinata al titolo della diapositiva. Sotto al titolo, alcune prevedono solo l'inserimento di testo, altre l'inserimento di una sola immagine o di un solo oggetto multimediale, altre ancora l'inserimento di due oggetti multimediali affiancati in orizzontale e via di seguito.

Per visualizzare lo schema associato a una particolare diapositiva, è sufficiente fare clic sulla scheda *Visualizza* della barra multifunzione e poi su *Schema diapositiva* nel gruppo *Visualizzazioni master*.

Come è facile intuire osservando la barra multifunzione, in PowerPoint esistono schemi anche per gli stampati e per le note.

La finestra di lavoro cambia per mostrare a sinistra l'elenco dei tipi di diapositive esistenti e a destra la struttura della diapositiva selezionata sulla sinistra (Figura 4.7).

Nell'esempio si può osservare che nella parte inferiore sono presenti un riquadro con la dicitura *Inserire qui il logo*, una casella recante la scritta *Piè di pagina* e, più a destra, una casella che indica *<N>*. Questi elementi possono essere personalizzati una sola volta nello schema diapositiva per apparire poi correttamente in tutte le diapositive basate sul medesimo schema.

<N> *è un codice di campo che permette di visualizzare il numero della diapositiva.*

Interventi sui master di diapositive

Nel momento in cui si sta visualizzando la struttura di un master di una diapositiva, ci si può lavorare per eseguire diversi tipi di interventi. I relativi comandi sono riportati in alto, nella scheda *Schema diapositiva* della barra multifunzione (Figura 4.8).

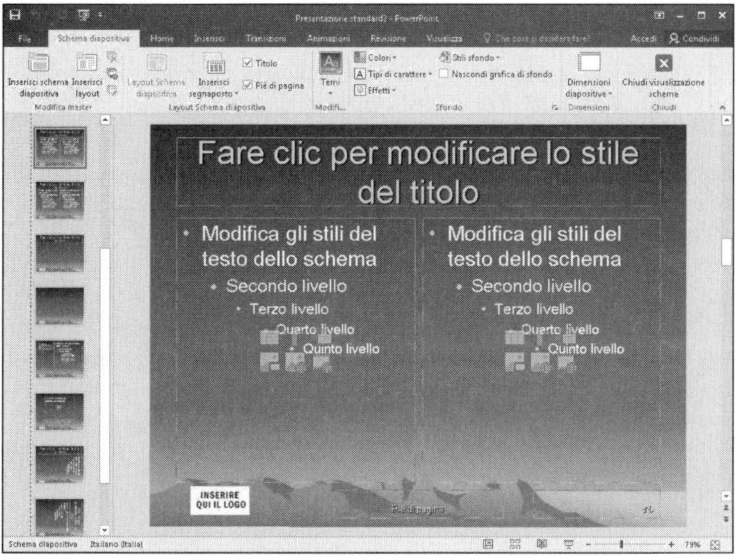

Figura 4.7 Lo schema di una diapositiva.

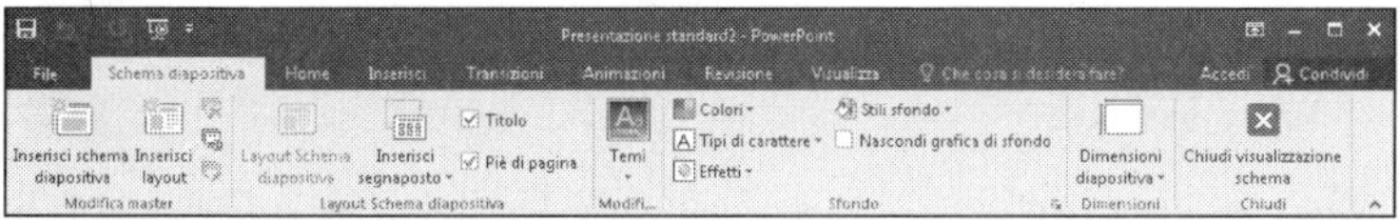

Figura 4.8 La scheda Schema diapositiva.

Nel primo gruppo si può decidere di creare un nuovo schema diapositiva o un nuovo *layout*, altro termine con il quale viene indicata l'organizzazione della struttura. Nel secondo gruppo, chiamato proprio *Layout Schema diapositiva*, ci sono i comandi per aggiungere altre caselle per l'inserimento di oggetti nell'area di lavoro della diapositiva. Facendo clic sulla freccia rivolta verso il basso del pulsante *Inserisci segnaposto*, un elenco a discesa mostra i diversi tipi di oggetti inseribili.

Il clic su uno di essi cambia la forma del puntatore in un crocino, a indicare che è possibile inserire quel tipo di oggetto nella diapositiva. A questo punto, per aggiungerlo materialmente si agisce con la tecnica del trascinamento, facendo clic nel vertice iniziale da cui deve partire l'oggetto e trascinando il mouse fino al vertice opposto sempre tenendo premuto il tasto del mouse.

Posizione e dimensioni del riquadro nel quale deve essere inserito l'oggetto sono modificabili a piacere in qualsiasi momento. Per farlo, è sufficiente selezionare il riquadro e agire con il mouse sui controlli di ridimensionamento.

Nel gruppo *Layout Schema diapositiva* sono presenti anche due caselle di controllo, *Titolo* e *Piè di pagina*. Selezionando la casella, il relativo elemento viene inserito nello schema della diapositiva.

Altri tipi di interventi

Per completare il lavoro di gestione del nuovo schema diapositiva, nella barra multifunzione *Schema diapositiva* ci sono anche i comandi per modificare il tema grafico, il colore di sfondo e le dimensioni

Uno schema può quindi avere l'aspetto grafico di un qualsiasi tema, anche se la presentazione utilizza formalmente un altro tema.

A uno schema diapositiva si può assegnare anche "nessun tema", intendendo con questo il fatto che le scritte e gli altri oggetti possono apparire su sfondo bianco o di altro colore senza i contrassegni e gli altri elementi grafici appartenenti a qualche tema.

Ai comuni controlli *Stili sfondo, Colori, Tipi di carattere* ed *Effetti* si aggiunge la casella *Nascondi grafica di sfondo*, che si può deselezionare per non far apparire alcun tipo di elemento di natura grafica sulla superficie della diapositiva. Il pulsante *Dimensioni diapositiva* permette di scegliere il formato della diapositiva e il suo orientamento.

Al termine delle operazioni, per tornare al lavoro sulla presentazione è necessario fare clic sul pulsante *Chiudi visualizzazione schema*.

Capitolo 5

Gestione del testo

Le diapositive di una presentazione possono contenere ogni tipo di contenuto, ma generalmente la presenza del testo è imprescindibile. Sebbene spetti all'autore organizzare e scrivere al meglio tutto il testo di una presentazione, PowerPoint può rivelarsi davvero utile per disporre al meglio il testo e mettere in evidenza i punti salienti.

Inserimento di testo

PowerPoint mette a disposizione due sistemi per aggiungere del testo in una diapositiva: è possibile fare clic in uno dei riquadri predefiniti presenti nei modelli di diapositiva (Figura 5.1), oppure fare clic su *Inserisci > Casella di testo* per creare una nuova casella nella diapositiva (Figura 5.2).

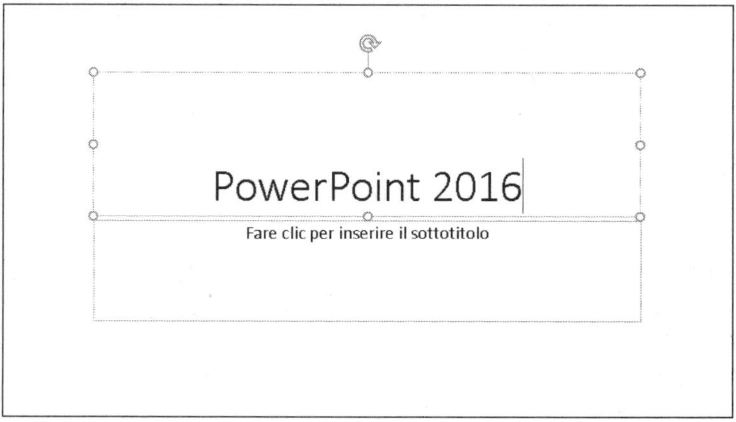

Figura 5.1 L'inserimento di testo in una casella predefinita.

Figura 5.2 L'inserimento di testo in una nuova casella.

Se si scrive direttamente con la tastiera, in quel punto appaiono i caratteri digitati dall'utente. Un altro modo per aggiungere caratteri nello spazio della casella di testo è incollarli dopo averli copiati o tagliati da un'altra finestra. Un testo, però, non è solo una serie di scritte e in una scritta non ci sono solo semplici caratteri dell'alfabeto.

Caratteri normali e speciali

In una diapositiva di PowerPoint, dicendo "testo" ci si riferisce all'insieme di uno o più caratteri in sequenza, uno dopo l'altro. Semplificando, un carattere può essere una lettera dell'alfabeto, una cifra araba o un segno di interpunzione.

Con le cifre da 0 a 9 si rappresentano i numeri interi. Per separare migliaia e decimali ci si serve di punti (.) e di virgole (,). I due elementi sono i segni di interpunzione più diffusi, ai quali si aggiungono parentesi, punti interrogativi, esclamativi e gli altri che sono disponibili nella grammatica italiana.

In un testo, una lettera dell'alfabeto può essere scelta tra quelle dell'alfabeto nazionale in senso stretto con l'aggiunta dei caratteri "j k x y w". Escludendo il caso degli alfabeti basati su caratteri completamente diversi da quelli occidentali (come per esempio il giapponese, il cinese o l'arabo), già nell'ambito delle lettere esistono numerose varianti. Una di esse è la semplice differenza tra le maiuscole e le minuscole.

Nelle diverse nazioni, poi, vengono utilizzati caratteri specifici delle singole lingue. In italiano esistono le vocali accentate "à è é ì ò ù", mentre nelle lingue di altre nazioni possono apparire altri segni come "ç ñ ü".

Questo preambolo serve solo per stabilire il fatto che non è escluso che in una presentazione in italiano si debbano inserire anche segni appartenenti ad altre lingue. Perdipiù, tra i caratteri inseribili in una diapositiva si possono aggiungere anche segni "speciali", come quello dell'euro (€) e del copyright (©).

A questo scopo, PowerPoint fornisce un'apposita funzione chiamata *Simboli*. Per attivarla, occorre prima fare clic in un punto interno a una casella di testo creata in precedenza per visualizzare il cursore che lampeggia, a indicare che il programma si aspetta l'inserimento di un carattere. A questo punto occorre selezionare *Inserisci* > *Simboli* e fare clic su *Simbolo* per aprire la finestra omonima (Figura 5.3).

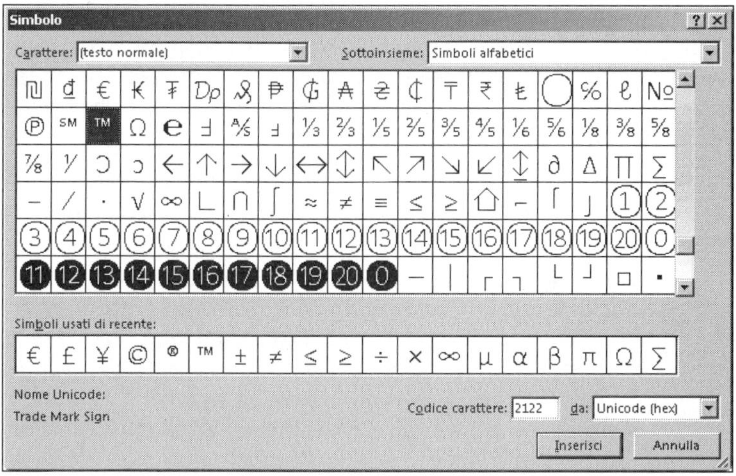

Figura 5.3 L'inserimento di un simbolo.

Qui occorre selezionare il carattere "speciale" da inserire e fare clic su *Inserisci*. La finestra rimane aperta per consentire l'inserimento di altri caratteri. Per chiuderla è sufficiente fare clic su *Chiudi*.

Testo e semantica

In un testo, gruppi di caratteri formano articoli determinativi e indeterminativi, parole, forme verbali, particelle semplici e articolate. A loro volta questi elementi compongono paragrafi di testo, divisi in periodi. In Microsoft PowerPoint un paragrafo può essere definito come un gruppo di caratteri che va da un "ritorno a capo" a un altro.

L'intero testo di un documento, però, non è costituito solo da sequenze di paragrafi. Soprattutto in una presentazione, ogni diapositiva ha un titolo, a volte accompagnato da uno o più sottotitoli (uno per ogni gruppo in cui è divisa l'area di lavoro della diapositiva).

Il corpo del testo, poi, può essere composto da elenchi, invece di essere costituito solo da paragrafi. Spesso, anzi, è opportuno che sotto il titolo il corpo di un diapositiva sia costituito solo da elenchi, perché sono schematici e più semplici da scorrere per chi ne legge le voci.

Se ci sono immagini, il testo che ne descrive il contenuto e ne dà gli eventuali riferimenti viene definito *didascalia*.

Distinguendo tra loro le componenti di un testo, se ne riconosce la struttura semantica, il che aiuta a impostare meglio le proprietà dei caratteri di ognuna di loro, per avere una presentazione che appaia realizzata con uno stile professionale.

In un'intera presentazione, è opportuno che venga mantenuta uniformità tra gli elementi della stessa tipologia, nel rispetto della struttura semantica del testo.

Una delle regole di base nella redazione di una serie di diapositive è che allo stesso tipo di elemento corrisponda lo stesso tipo di formattazione. Per esempio, se si stabilisce che il titolo di primo livello della diapositiva debba avere un certo tipo di carattere, dimensione, colore e tipo di allineamento, è importante che tutti i titoli di primo livello di tutte le diapositive abbiano le stesse caratteristiche.

Interventi sul testo

Ogni singolo carattere inserito in una diapositiva possiede numerose caratteristiche o proprietà. Per verificarle e, quando occorre, cambiarle, la prima azione da eseguire è selezionare i caratteri che si desidera modificare. La selezione avviene con le comuni tecniche di Windows, ovvero tramite i tasti di direzione abbinati eventualmente a Ctrl e Maiusc, oppure con il mouse. La formattazione può essere applicata a livello di singolo carattere, di parola o di paragrafo (o voce di punto elenco).

Indipendentemente dalla modifica che si intende eseguire, PowerPoint 2016 dispone di una funzione fondamentale per ridurre di parecchio i tempi di intervento: l'anteprima. In pratica, significa che, quando si chiede di modificare una delle proprietà di un gruppo di caratteri, mentre si sposta il puntatore da un valore all'altro, nell'area di lavoro viene visualizzato direttamente il risultato della nuova impostazione (Figura 5.4).

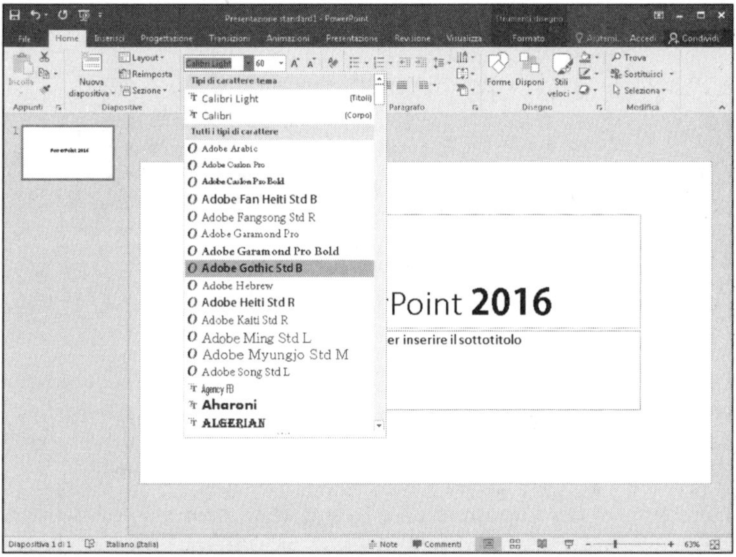

Figura 5.4 L'anteprima della formattazione sul testo "2016".

In questo modo l'utente può verificare istante per istante se la modifica risponde ai propri obiettivi o se conviene impostare un altro valore.

Colore e dimensione del carattere

Le caratteristiche modificabili di un carattere riguardano proprietà che intervengono sostanzialmente sull'aspetto. Per quelle di base si va dalla famiglia di caratteri di appartenenza alle dimensioni, dalla variazione di grassetto, corsivo e sottolineato per giungere fino all'impostazione del colore.

Tra gli elementi meno comuni c'è la possibilità di impostare l'ombreggiatura del testo selezionato, il che rende i caratteri con un aspetto tridimensionale, facendoli "emergere" dalla pagina (Figura 5.5).

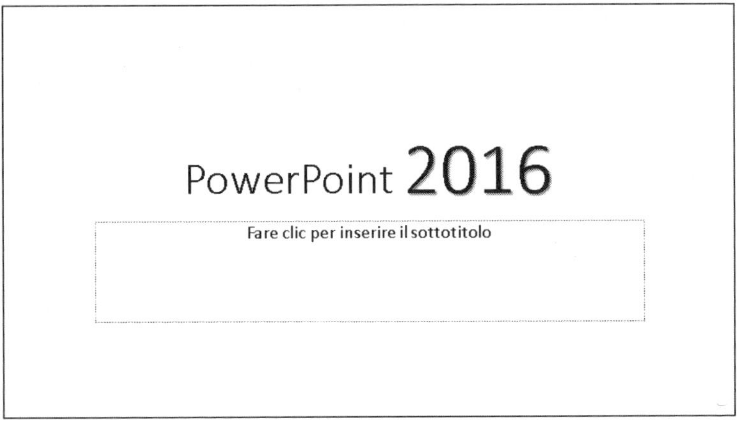

Figura 5.5 L'aggiunta dell'ombreggiatura ai caratteri.

La modifica delle proprietà di uno o più caratteri viene eseguita selezionandoli e poi eseguendo il comando relativo alla caratteristica da cambiare dalla barra multifunzione, dal menu contestuale, dalla barra di formattazione rapida o dalla finestra di dialogo *Carattere*.

Per esempio, per impostare un colore diverso da quello predefinito, dopo aver selezionato i caratteri si può procedere con una delle seguenti tecniche.

- Nella scheda *Home* della barra multifunzione, fare clic sul pulsante con la freccia rivolta verso il basso adiacente all'icona *Colore carattere* nel gruppo *Carattere*. Fare clic su uno dei colori nel menu (Figura 5.6).
- Fare clic sulla freccia del pulsante *Colore carattere* sulla barra di formattazione e quindi sul quadratino del colore desiderato (Figura 5.7).

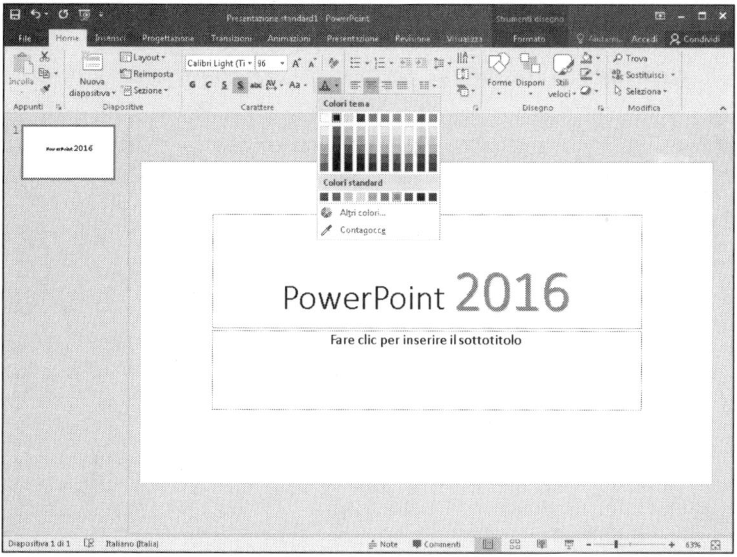

Figura 5.6 Il menu del colore sulla barra multifunzione.

Figura 5.7 La modifica del colore dei caratteri dalla barra di formattazione.

La barra di formattazione compare solo alla prima selezione del testo; se si eseguono altre operazioni scompare. Per riattivarla è sufficiente fare clic con il tasto destro del mouse sulla selezione.

- Fare clic sul pulsante di visualizzazione della finestra di dialogo *Carattere* per aprire la finestra omonima, fare clic sul pulsante *Colore carattere* e, come sempre, scegliere il colore dal menu (Figura 5.8).

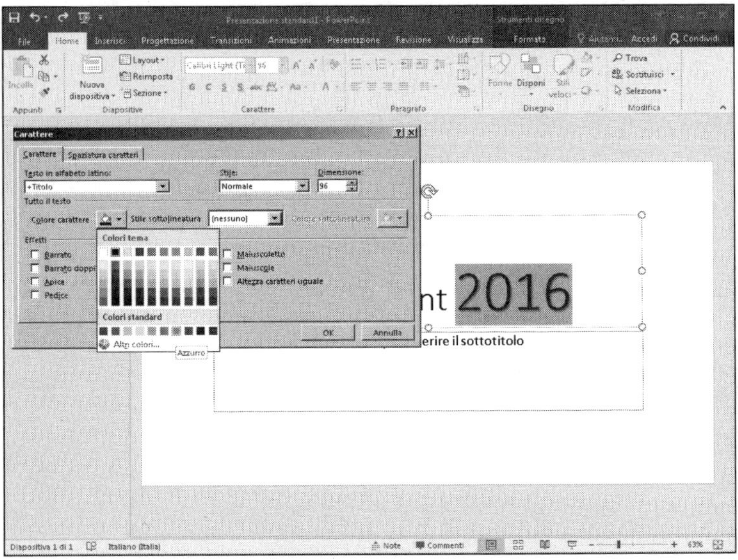

Figura 5.8 La modifica del colore dei caratteri dalla finestra di dialogo Carattere.

La funzione di anteprima non è disponibile nella finestra di dialogo Carattere.

L'icona Colore carattere *riporta una lettera* A *sotto la quale c'è una linea con l'ultimo colore che è stato utilizzato. Se è il colore da assegnare al testo selezionato, per impostarlo è sufficiente fare clic direttamente sull'icona.*

Dimensioni e formato

In PowerPoint 2016, le azioni per modificare le dimensioni dei caratteri sono del tutto simili a quelle per le impostazioni del colore e si possono eseguire dal menu contestuale, dalla barra multifunzione o dalla finestra *Carattere*.

Supponendo di voler utilizzare il comando presente nella barra multifunzione, le azioni da compiere sono le seguenti.

1. Selezionare i caratteri di cui variare le dimensioni.
2. Fare clic sulla freccia della casella *Dimensione carattere* per visualizzare i valori predefiniti disponibili.
3. Spostare il puntatore sulle righe dell'elenco per visualizzare l'anteprima del risultato nella diapositiva.
4. Fare clic sulla dimensione da assegnare ai caratteri (Figura 5.9).

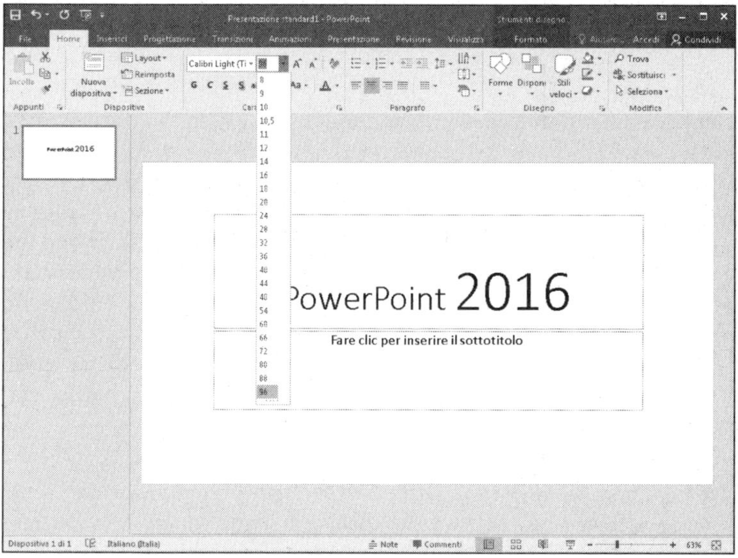

Figura 5.9 La variazione delle dimensioni dei caratteri selezionati.

Per applicare proprietà quali grassetto, corsivo ed, eventuale, sottolineato a un testo selezionato, il comando è più semplice perché prevede solo il clic sull'icona corrispondente. Il simbolo che appare a video richiama visivamente la caratteristica da impostare:

- sull'icona *Grassetto* c'è la lettera "G" in grassetto;
- sull'icona *Corsivo* c'è una "C" leggermente inclinata verso destra;
- sull'icona *Sottolineato* c'è una "S" con una piccola linea sotto.

Questi comandi funzionano come "interruttori" a due posizioni: un clic attiva la proprietà, il clic successivo la disattiva. Lo stato viene anche rappresentato visivamente dall'icona perché, quando una delle proprietà è attiva, nella barra multifunzione e nel menu contestuale appare "premuta" con uno sfondo di colore diverso da quello della barra (Figura 5.10).

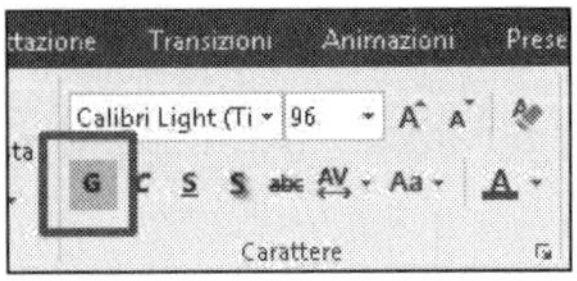

Figura 5.10 Le icone "attive", in questo caso Grassetto, appaiono premute.

L'applicazione di una delle tre proprietà può avvenire anche tramite la tastiera. Dopo aver selezionato i caratteri, invece di fare clic sull'icona con il mouse, si può premere la combinazione di tasti Ctrl+G per il grassetto, Ctrl+C per il corsivo e Ctrl+S per il sottolineato. Per finire, può essere utile segnalare che nelle presentazioni l'applicazione del grassetto è sicuramente efficace, perché riesce a rendere più evidente un termine o un concetto, portandolo in primo piano. Un po'meno diffuso è il corsivo (o "italico"), perché i caratteri che hanno il corpo leggermente inclinato verso destra non possiedono la migliore leggibilità, a causa della disposizione dei punti sul video in una matrice con righe e colonne.

Sempre dal punto di vista delle tecniche di comunicazione, è meglio evitare il sottolineato, perché le scritte con questa caratteristica potrebbero essere scambiate per collegamenti ipertestuali.

Tipo di carattere

Le lettere, i numeri e i segni di interpunzione presenti nei documenti informatici appartengono a famiglie di caratteri appositamente progettate per un certo sistema operativo.

Alcune famiglie di caratteri visualizzati normalmente nei documenti di Microsoft Windows potrebbero non essere disponibili sui dispositivi con sistema operativo OS X, Linux o Android. In questa situazione, tali caratteri vengono sostituiti con altri di tipo diverso.

Questo significa che, se si scopre o si ipotizza che in qualche diapositiva siano stati inseriti caratteri non molto diffusi, per evitare di trovarsi in difficoltà durante la visualizzazione della presentazione è opportuno salvarla in un file integrando anche le relative famiglie di caratteri. Solo in questo caso si è certi che l'aspetto di ogni diapositiva rimanga sempre lo stesso, su qualsiasi dispositivo venga riprodotta la presentazione (Figura 5.11).

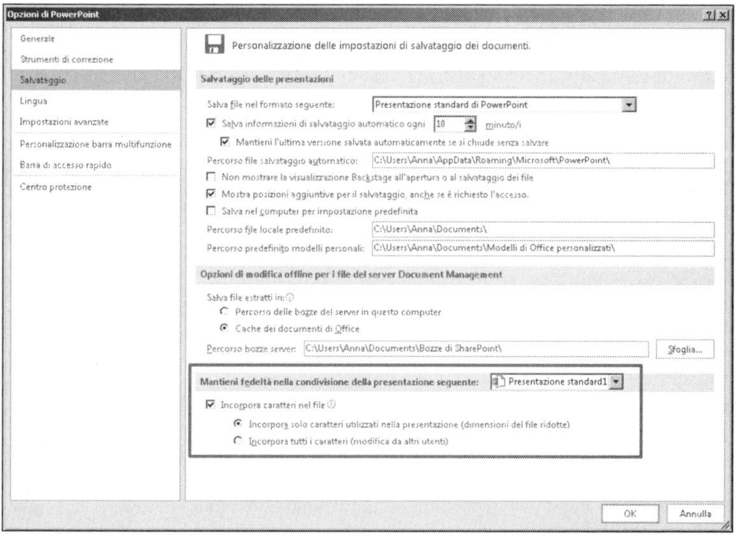

Figura 5.11 L'incorporamento dei caratteri a fini di uniformità estetica.

Le tipologie di caratteri si possono dividere in quattro categorie:

- con grazie (i piccoli ornamenti intorno alla testa e alla base del carattere);
- senza grazie (detti anche caratteri "bastone" per il fatto che la "i" e la "l" appaiono come delle semplici lineette diritte);
- a spaziatura fissa (in cui un carattere occupa in orizzontale lo stesso spazio di qualsiasi altro);
- di fantasia (caratteri creati per trasferire sensazioni, emotività).

Esempi di caratteri con le grazie sono quelli delle famiglie Times New Roman e Garamond; quelli appartenenti ad Arial e a Verdana sono senza grazie. Il classico carattere a spaziatura fissa è il Courier New, mentre esempi di famiglie di caratteri di fantasia sono Comic Sans e Playbill.

I caratteri senza grazie sono leggibili più facilmente e con maggiore immediatezza. Dato che in una diapositiva le scritte devono essere poche, potrebbero essere quelli più indicati da utilizzare.

Al di là della scelta, come per il colore, per impostare una certa famiglia di caratteri in PowerPoint 2016 occorre prima selezionare il testo e poi fare clic sulla freccia del pulsante *Tipo di carattere*. Nell'elenco che appare, si sposta il puntatore per visualizzare l'anteprima del risultato e infine si fa clic sulla riga della famiglia da impostare (Figura 5.12).

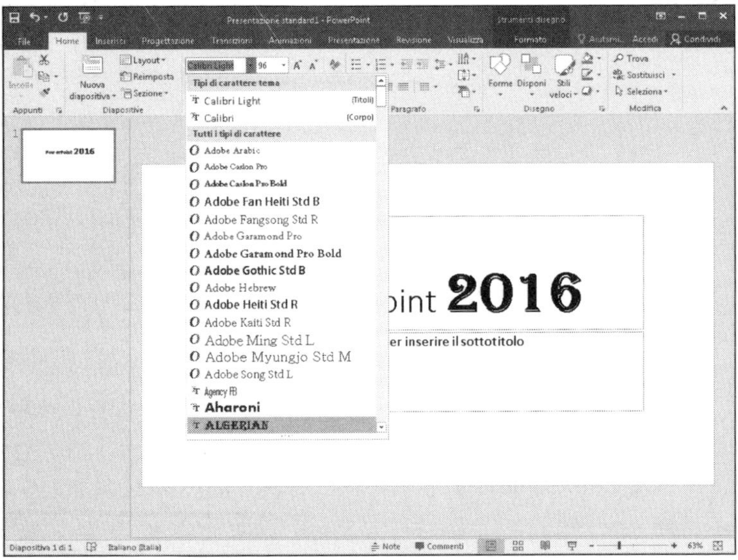

Figura 5.12 La selezione del tipo di carattere.

Questo vale per il comando nella barra multifunzione o nel menu contestuale. L'operazione può essere eseguita anche nella finestra di dialogo *Carattere*, dove però, le famiglie sono riportate solo con il loro nome, senza possibilità di visualizzarne l'anteprima nell'area di lavoro.

Maiuscole e minuscole

Quando si guarda una presentazione, apparentemente non si fa caso ai particolari, anche se le differenze tra le diapositive ben costruite e le altre vengono percepite piuttosto bene da chi le guarda.

Un aspetto della gestione dei caratteri non sempre considerato nella sua giusta luce è l'utilizzo improprio di maiuscole e minuscole.

Non è opportuno utilizzare scritte di testo tutte in maiuscolo perché i relativi termini risultano meno leggibili rispetto a quelli scritti in "alte e basse", ossia maiuscole applicate solo secondo regola (inizio frase, nomi propri e così via) e altri caratteri normalmente in minuscolo.

Per esempio, ci si può trovare nella condizione in cui un testo viene incollato dopo averlo copiato da un altro documento. Se una scritta è in maiuscolo ma dovrebbe essere in minuscolo, o viceversa, la si può convertire automaticamente con questa procedura.

1. Selezionare i caratteri da modificare.
2. Fare clic sul pulsante *Maiuscole/minuscole* per aprire l'elenco a discesa con le funzioni disponibili (Figura 5.13).
3. Scegliere tra *Normale, tutto minuscole, TUTTO MAIUSCOLE, Tutte Iniziali Maiuscole* e *iNVERTI mAIUSCOLE/mINUSCOLE.*

Cosa si ottiene lo si desume dalle stesse voci del menu, anche se lo si può vedere in tempo reale sotto forma di anteprima direttamente a video.

Spaziatura dei caratteri

Un altro parametro che può facilitare la lettura del testo è la spaziatura tra i caratteri. Le impostazioni vanno da *Molto stretta* a *Molto ampia* in cinque livelli predefiniti (Figura 5.14).

Chi desidera modificare la spaziatura con un valore gestito manualmente può fare clic su *Altre opzioni spaziatura* per aprire la scheda *Spaziatura caratteri* della finestra di dialogo *Carattere* (Figura 5.15). Qui si possono impostare il numero di punti da applicare allo spazio tra i caratteri e il numero di punti per la crenatura dei caratteri.

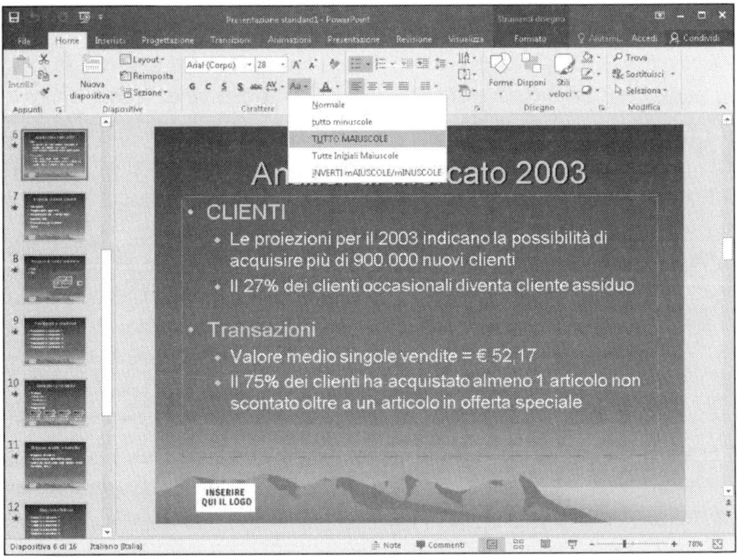

Figura 5.13 La conversione di caratteri tra maiuscolo e minuscolo.

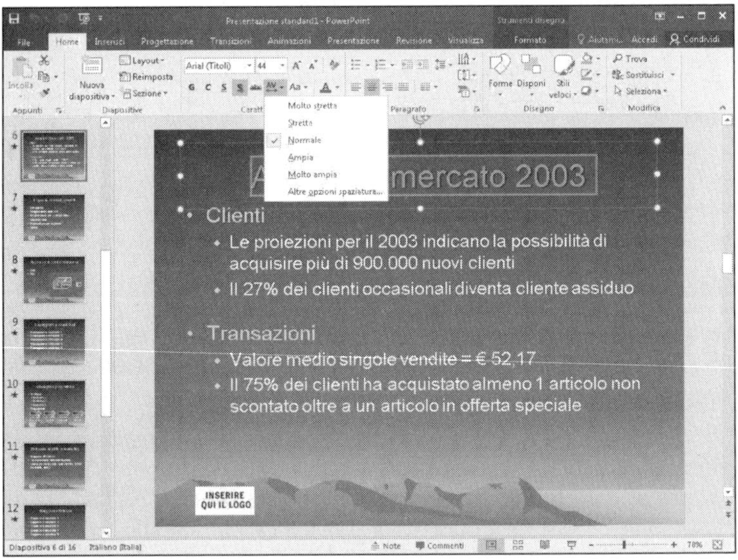

Figura 5.14 La variazione dello spazio tra i caratteri.

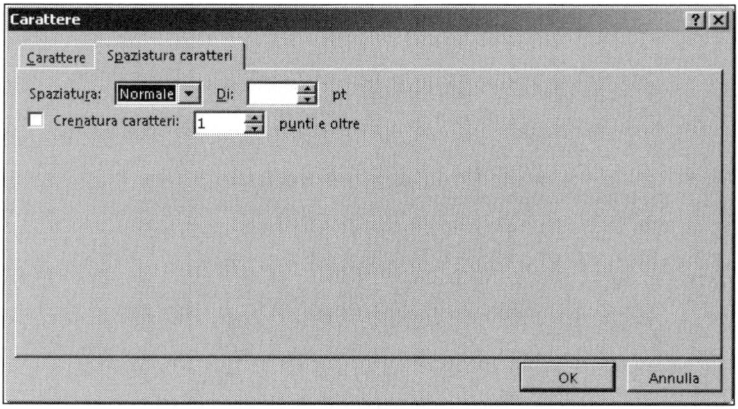

Figura 5.15 La variazione dello spazio tra i caratteri dalla finestra di dialogo.

Una spaziatura più ampia del normale con valore di uno o di due punti rende meglio leggibili le scritte. Esagerando, però, si ottiene l'effetto opposto.

Paragrafi e frasi

Oltre ad agire sui singoli caratteri di un testo, è possibile applicare varie formattazioni anche agli interi paragrafi di testo.

Allineamento e disposizione in colonne

Tra le proprietà del paragrafo c'è l'allineamento, ossia come deve essere disposto un testo rispetto ai margini laterali. Una scritta può essere allineata a sinistra, allineata a destra, centrata o giustificata su entrambi i lati. L'ultimo tipo di allineamento forza il testo con questo attributo a essere allineato verticalmente su entrambi i lati. Nei documenti di testo è utilizzato spesso, perché l'aspetto di un gruppo di paragrafi appare più ordinato.

Una diapositiva non contiene lunghi testi, ma brevi scritti o voci di elenchi, per cui è preferibile evitare di utilizzare l'impostazione dell'allineamento giustificato.

Per assegnare l'allineamento a uno o più paragrafi è sufficiente selezionare il testo (o posizionare al suo interno il cursore) e fare clic su una delle icone di allineamento nel gruppo *Paragrafo* della scheda *Home* (Figura 5.16).

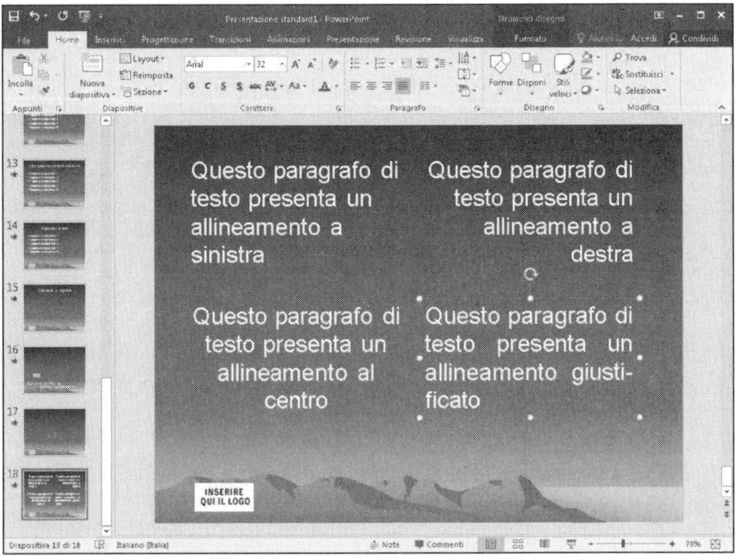

Figura 5.16 I tipi di allineamento dei paragrafi di testo.

Un'importante considerazione da fare è che l'allineamento viene gestito rispetto alle dimensioni del rettangolo di selezione in cui è memorizzato il testo. Variandone le dimensioni, il tipo di allineamento non cambia, ma cambia la disposizione dei caratteri all'interno.

Se proprio si deve inserire un testo che ha una certa lunghezza, PowerPoint offre l'opportunità di gestirlo su più colonne, impaginandolo in modo simile a come avviene nelle pagine di un quotidiano.

Questa impostazione prevede la scelta del numero di colonne su cui disporre i paragrafi di testo. Supponendo di impostare tre colonne, il testo parte dall'inizio della prima, per proseguire automaticamente all'inizio della seconda e continuare poi sulla terza (Figura 5.17).

Figura 5.17 La disposizione del testo su più colonne.

Affinché la disposizione sia leggibile, è necessario impostare un rientro a sinistra, tale da evitare che le tre colonne siano attaccate una all'altra.

Quando si esegue qualche modifica nel testo, il programma gestisce automaticamente il flusso corretto della nuova impaginazione in tempo reale.

Orientamento del testo

Di solito, nelle lingue occidentali i caratteri delle scritte dei testi scorrono lungo una linea immaginaria orizzontale, da sinistra verso destra, per proseguire sulla riga successiva quando incontrano il margine di destra della casella di testo.

In una casella di testo di una diapositiva, però, si potrebbe pensare di far scorrere il testo con un orientamento dei singoli caratteri diverso da quello orizzontale. Gli altri tipi di orientamento gestiti da PowerPoint 2016 sono:

- verso il basso (caratteri ruotati di 90° in senso orario);
- verso l'alto (caratteri ruotati di 90° in senso antiorario o 270° in senso orario);
- verso il basso con caratteri non ruotati ma impilati uno sull'altro.

La caratteristica viene implementata selezionando la casella di testo interessata e facendo clic sull'icona *Orientamento testo* (Figura 5.18).

Come per altre proprietà, anche per l'orientamento funziona l'anteprima, per cui si può vedere l'effetto che si otterrebbe con i diversi valori prima di decidere quale sia quello più idoneo.

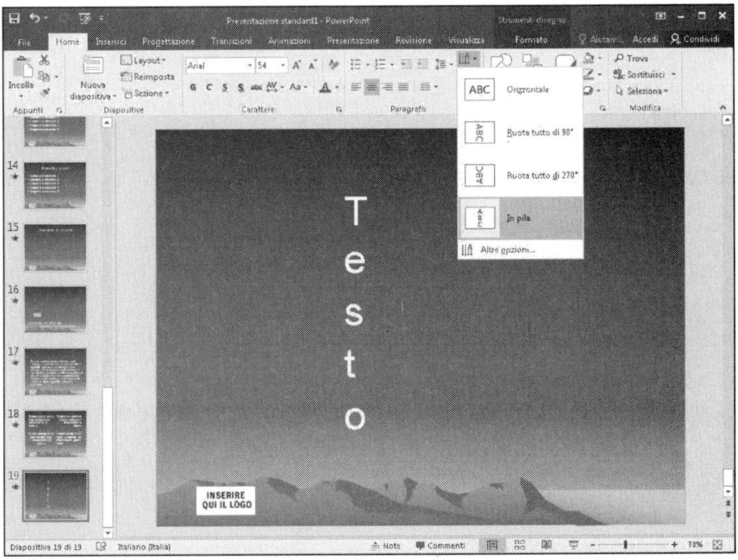

Figura 5.18 La modifica dell'orientamento del testo.

Allineamento verticale

In PowerPoint 2016, una casella di testo rappresenta una zona delimitata di forma rettangolare nella quale vengono inseriti gruppi di caratteri o intere frasi. Le sue dimensioni possono essere gestite automaticamente dal programma, adeguandosi al numero e alla disposizione dei caratteri che vi sono contenuti, oppure possono essere fissate dall'autore della presentazione per specifici obiettivi di comunicazione.

Nelle situazioni in cui il testo non occupa l'intero spazio disponibile, le scritte possono stare in alto (lasciando lo spazio vuoto in basso), al centro (lasciando due zone vuote di pari dimensioni sopra e sotto il testo), oppure in basso (con lo spazio vuoto in alto).

Per evitare di trovarsi con blocchi di testo disallineati rispetto agli altri oggetti presenti nell'area di lavoro della diapositiva, PowerPoint 2016 fornisce uno strumento che permette di posizionare le scritte allineandole in verticale rispetto all'altezza della casella di testo.

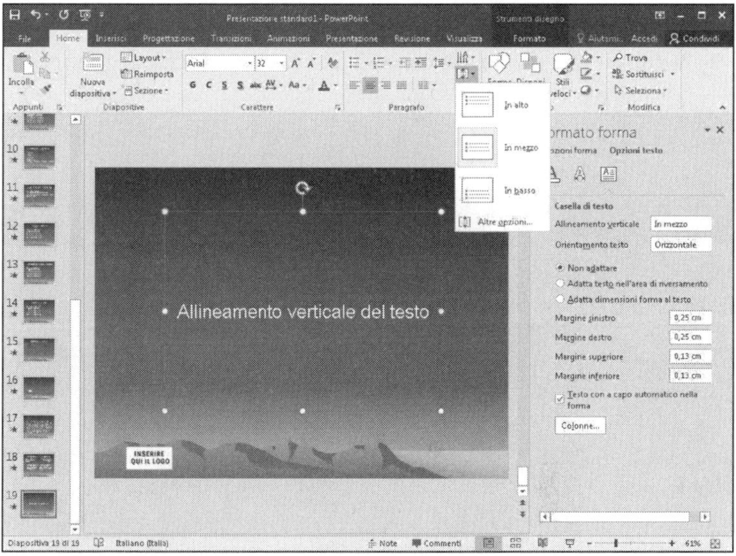

Figura 5.19 L'allineamento verticale in una casella di testo.

Per gestire l'adattamento delle dimensioni della casella al testo che contiene, occorre aprire il riquadro attività *Formato forma*. L'opzione *Non adattare* permette di gestire autonomamente le dimensioni della casella di testo, mentre *Adatta dimensioni forma al testo* fa in modo che le dimensioni della casella corrispondano sempre al testo contenuto. L'altra opzione, *Adatta testo nell'area di riversamento*, lascia a PowerPoint il compito di rimpicciolire gradualmente le dimensioni di un testo affinché possa essere interamente contenuto in una specifica casella.

Interlinea e spaziatura

L'interlinea è lo spazio verticale esistente tra due righe di testo: aumentandola è possibile di solito rendere le scritte più leggibili.

Per questo motivo può essere utile aumentare l'interlinea provando, per esempio, con il valore 1,5 al quale corrisponde un aumento del 50% dello spazio di base. Per impostare questo parametro, si eseguono queste operazioni.

1. Selezionare i paragrafi di testo dei quali variare l'interlinea.
2. Fare clic su *Interlinea* nel gruppo *Paragrafo* della scheda *Home*.
3. Valutare con l'anteprima in tempo reale cosa accade portando il puntatore sui diversi valori.
4. Confermare l'interlinea desiderata con un clic (Figura 5.20).

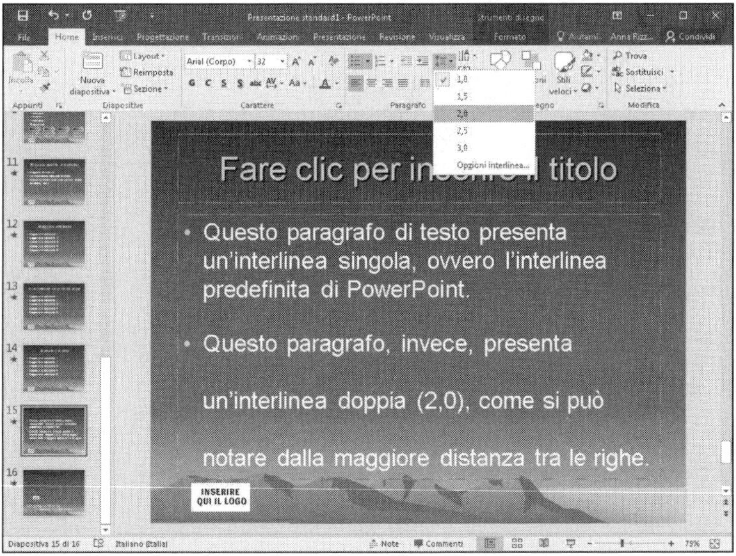

Figura 5.20 L'aumento dell'interlinea tra righe di testo.

Invece di impostare uno spazio sempre uguale tra qualsiasi coppia di righe di un testo, si può chiedere di avere uno spazio prima e uno spazio dopo il paragrafo diversi da quello predefinito. Il valore di questo spazio è liberamente assegnabile dall'utente e serve a distanziare un paragrafo da un altro, distinguendo meglio i contenuti informativi riportati nei diversi testi.

Per impostarlo in PowerPoint 2016 occorre procedere come segue.

1. Aprire la finestra di dialogo *Paragrafo* facendo clic sul pulsante di apertura della finestra di dialogo sulla barra multifunzione (Figura 5.21).
2. Fare clic sulla casella *Prima* o *Dopo* in *Spaziatura.*
3. Indicare il nuovo valore in punti, scrivendolo direttamente o variandolo con i pulsanti della casella di scorrimento.
4. Confermare facendo clic su *OK.*

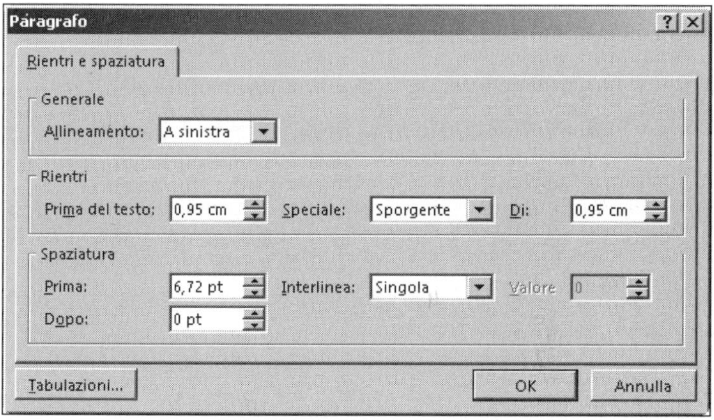

Figura 5.21 La gestione delle spaziatura tra i paragrafi.

Elenchi

Distinguere titoli e paragrafi dagli elenchi è importante per individuare le modalità di formattazione più indicate per la presentazione.

PowerPoint 2016 prevede funzioni specifiche per gli elenchi, tra cui la possibilità di convertirli in SmartArt, oggetti grafici generati automaticamente a partire da gruppi di voci riportate una sopra l'altra, in sequenza.

Per cominciare, un elenco può essere puntato o numerato. Nel primo caso si tratta di voci che possono essere riportate in qualsiasi ordine indifferentemente, anche scambiandole di posizione tra loro. Ognuna di esse, cioè, può essere all'inizio, all'interno o alla fine dell'elenco, senza che questo ne infici la validità. È il caso per esempio degli ingredienti di una ricetta: indicando "zucchero, uova, farina" o "farina, zucchero, uova" non cambia nulla ai fini della preparazione di un dolce.

Si utilizzano gli elenchi numerati, invece, quando la sequenza delle voci è rilevante e non deve essere modificata perché sia possibile il raggiungimento dell'obiettivo. Rimanendo all'esempio della ricetta, non si riuscirebbe a creare un dolce se la sequenza di queste tre semplici azioni fosse anche parzialmente diversa.

1. Versare la farina.
2. Aggiungere acqua.
3. Impastare.

Entrambi i tipi di elenchi vengono inseriti con questa sequenza.

1. Aggiungere una casella di testo nell'area di lavoro della diapositiva o fare clic in una casella esistente.
2. Inserire le singole voci, premendo ogni volta Invio alla fine.
3. Selezionare tutte le righe.
4. Nel gruppo *Paragrafo* della scheda *Home*, fare clic sull'icona *Elenchi puntati* o *Elenchi numerati.*

È altresì possibile fare clic sull'icona Elenchi puntati *o* Elenchi numerati *prima di iniziare a inserire le voci dell'elenco.*

Gestione degli elenchi puntati

Il nome "elenco puntato" deriva dal fatto che, nella modalità predefinita, gli elenchi di questo tipo appaiono sotto forma di scritte precedute da un puntino nero.

Al posto del puntino, però, le funzioni di formattazione permettono di utilizzare un simbolo diverso o un'immagine, solitamente di piccole dimensioni.

Per modificare il punto elenco si procede come segue.

1. Selezionare le voci dell'elenco.
2. Fare clic sul pulsante con la freccia rivolta a destra dell'icona *Elenchi puntati* per aprire il menu a discesa.
3. Spostare il puntatore sugli esempi di punto elenco disponibili per visualizzare l'anteprima del risultato nell'area di lavoro (Figura 5.22).
4. Fare clic sul tipo di punto elenco desiderato.

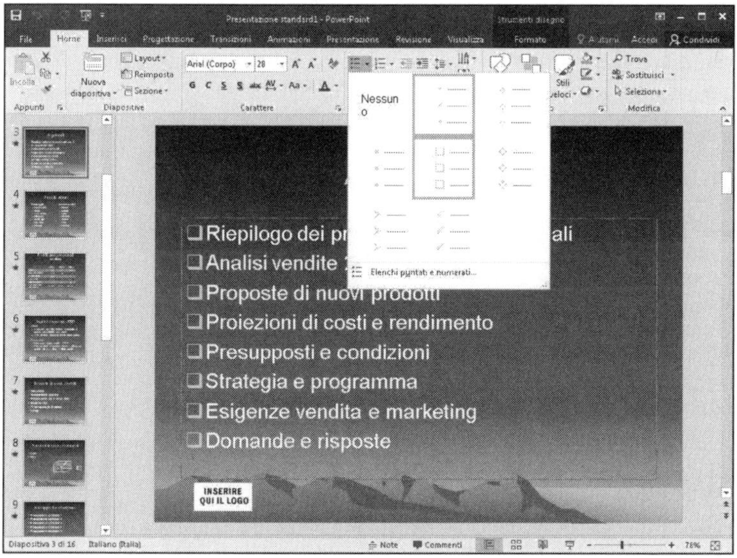

Figura 5.22 I simboli utilizzabili per gli elenchi puntati.

Al termine, l'elenco appare con il nuovo punto elenco che è stato scelto.

Gestione degli elenchi numerati

Altri tipi di elenchi vengono definiti "numerati" perché, normalmente, a sinistra delle scritte appaiono numeri arabi che aumentano automaticamente ogni volta che si aggiungono altre voci.

I numeri accanto alle voci vengono aggiornati automaticamente anche quando si inserisce una nuova voce all'interno di un elenco preesistente e ogni volta che se ne cancella qualcuna.

Come nel caso degli elenchi puntati, anche per quelli numerati esiste la possibilità di variare il "simbolo" riportato sulla sinistra. Al posto dei numeri arabi, cioè, possono apparire lettere minuscole, lettere maiuscole o numeri romani, anch'essi in minuscolo o in maiuscolo.

Come ulteriore elemento distintivo, si può indicare che venga scelto il punto o la parentesi chiusa come elemento separatore da generare automaticamente a destra dei valori scelti per la numerazione.

In tutti i casi vengono garantiti l'ordinamento automatico della sequenza e l'aggiornamento automatico dei valori nel caso in cui dovessero essere aggiunte o tolte delle voci dall'elenco.

Per modificare l'elemento a sinistra delle voci si procede come segue.

1. Selezionare le voci dell'elenco.
2. Fare clic sul pulsante con la freccia rivolta a destra dell'icona *Elenchi numerati* per aprire il menu a discesa.
3. Spostare il puntatore sugli esempi di numeri o lettere disponibili, visualizzando l'anteprima del risultato nell'area di lavoro (Figura 5.23).
4. Fare clic sul tipo di elemento desiderato.

SmartArt

Con il termine *SmartArt* si indica la funzione di PowerPoint 2016 in grado di creare strutture grafiche evolute da semplici elenchi di testo.

L'esigenza è nata dal fatto che nelle diapositive vengono riportati spesso brevi gruppi di voci, che possono rappresentare semplici elencazioni di termini oppure voci che indicano sequenze operative o strutture dati come quelle degli organigrammi. Lasciandole come semplici sequenze di scritte, però, la diapositiva ha un aspetto quantomeno spartano.

Utilizzando la funzione *SmartArt* di PowerPoint su un elenco, invece, viene generata automaticamente e in tempo reale dall'elenco una struttura grafica di aspetto professionale, più gradevole alla vista e, quindi, di maggiore impatto.

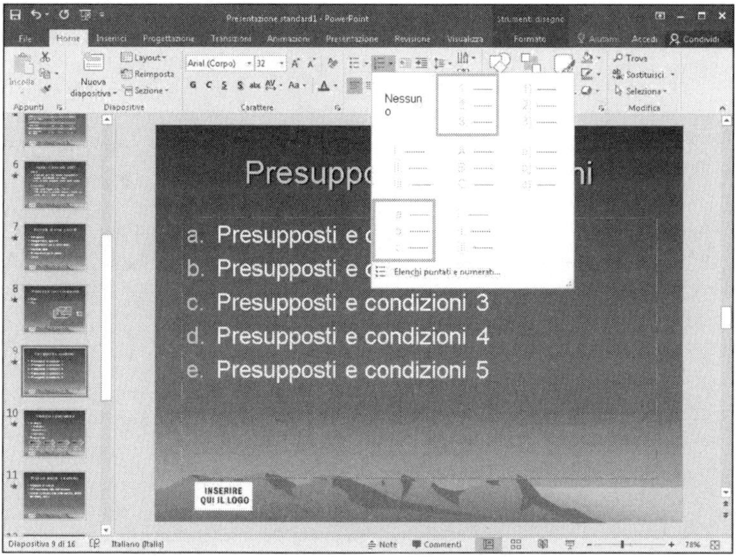

Figura 5.23 I diversi tipi di numerazione per gli elenchi numerati.

Il risultato della conversione di un elenco in un oggetto grafico SmartArt produce una comunicazione più efficace, tenendo conto anche del fatto che se ne possono modificare dimensioni, colore e altre proprietà, quali effetti di sfumatura e di tridimensionalità.

Per generare un oggetto SmartArt in una diapositiva, si può agire in diversi modi. Ecco il primo.

1. Selezionare le voci di un elenco.
2. Fare clic con il tasto destro del mouse sulla selezione.
3. Fare clic su *Converti in SmartArt*.
4. Selezionare il tipo di grafico desiderato (Figura 5.24).

Si può anche procedere “al contrario”.

1. Fare clic su *Inserisci*.
2. Fare clic su *SmartArt*.
3. Selezionare il tipo di struttura grafica desiderata.
4. Confermare facendo clic su *OK*.

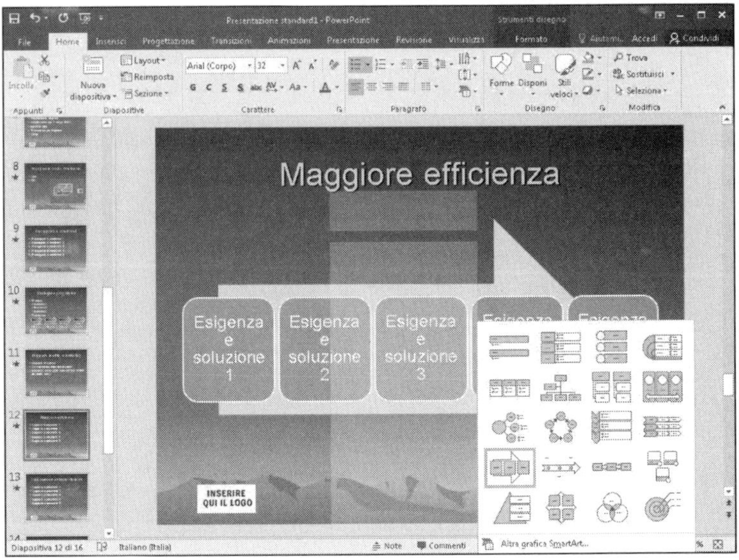

Figura 5.24 Un oggetto SmartArt generato automaticamente da un elenco.

In questo caso, però, l'elenco deve essere creato da zero, inserendo le voci nel riquadro sulla sinistra dell'oggetto. Per completare l'operazione, poi, è sufficiente fare clic in un punto qualsiasi all'esterno dell'elenco (Figura 5.25).

Tipi di SmartArt

L'inserimento di un oggetto grafico SmartArt in una diapositiva è di grande impatto visivo per chi osserva. Non si tratta solo della conversione di una serie di voci in elementi geometrici di varia forma collegati tra loro, ma anche della capacità di presentare sequenze, schemi, processi e altri tipi di strutture dati nel modo più chiaro possibile.

In altre parole, anche se si parte sempre da un certo numero di voci, il significato reale assunto da un elenco può essere di vario tipo. A questo scopo, gli oggetti SmartArt sono raccolti in categorie i cui nomi forniscono già un'indicazione piuttosto accurata sul tipo di struttura che si propongono di rappresentare.

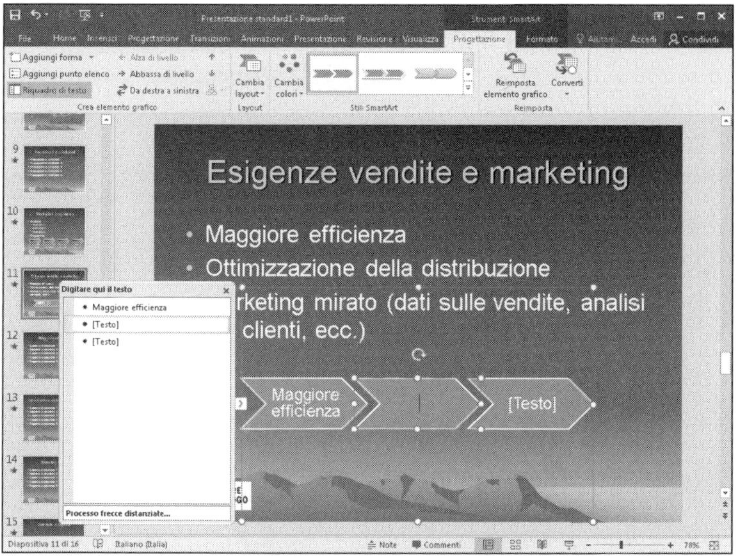

Figura 5.25 La creazione da zero di un oggetto SmartArt.

Sotto la voce *Elenchi* sono raggruppati gli elementi grafici in grado di rappresentare semplici sequenze di voci, che hanno eventualmente anche qualche livello sottostante e, in più, possono essere accompagnate da un'immagine (Figura 5.26).

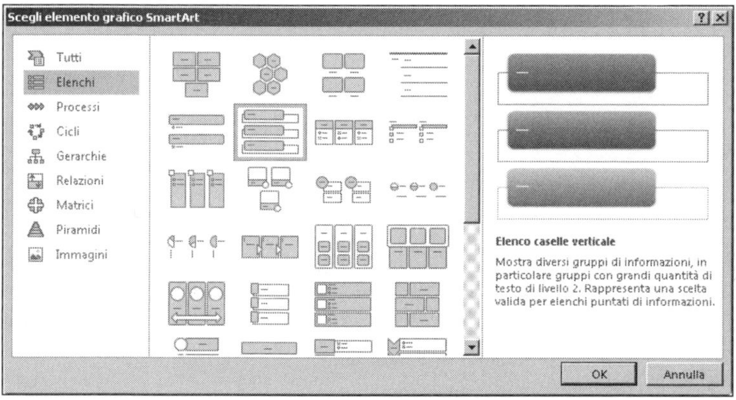

Figura 5.26 Oggetti SmartArt che rappresentano una sequenza.

Un *processo* è la rappresentazione di una serie di stati ai quali possono essere collegati gruppi di risorse. Nella rappresentazione di un processo si dovrebbe tenere conto anche della sequenza temporale degli stati riprodotti (Figura 5.27).

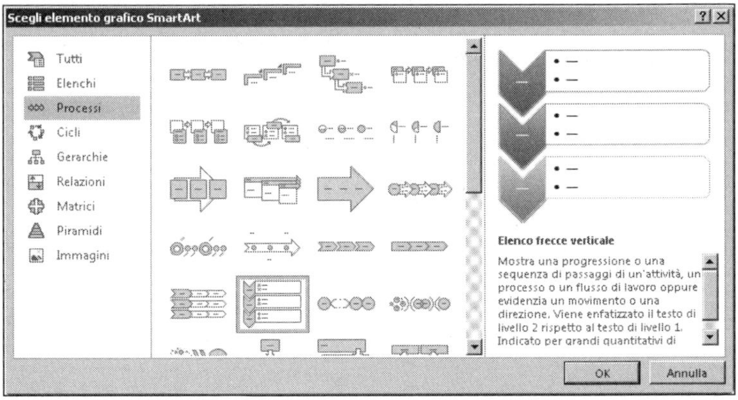

Figura 5.27 Oggetti SmartArt che rappresentano un processo.

Un *ciclo* è una forma di processo che non ha termine, ma continua senza fine, anche se composto da un numero finito di voci (Figura 5.28).

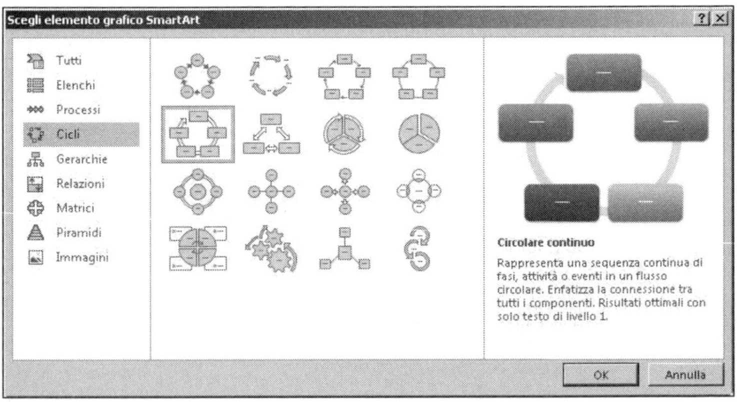

Figura 5.28 Oggetti SmartArt che rappresentano un ciclo.

Con il termine *gerarchia* ci si riferisce a una struttura nella quale alcuni dei livelli sono subordinati ad altri, come un organigramma di un'azienda (Figura 5.29).

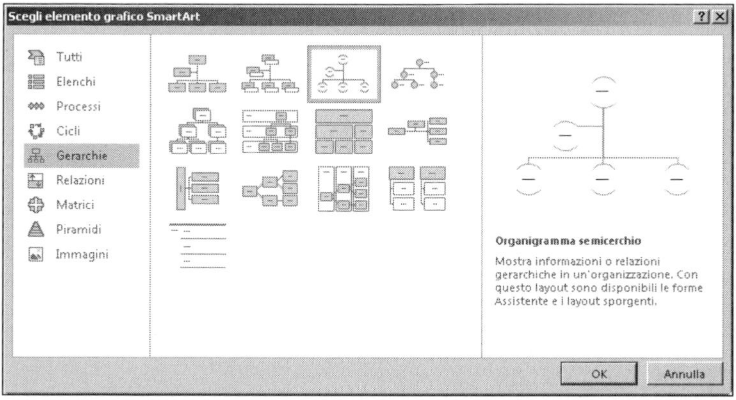

Figura 5.29 Oggetti SmartArt che rappresentano una gerarchia.

Nelle *relazioni*, alcuni elementi sono collegati ad altri, in un rapporto che può essere in entrambi i versi e anche verso blocchi esterni (Figura 5.30).

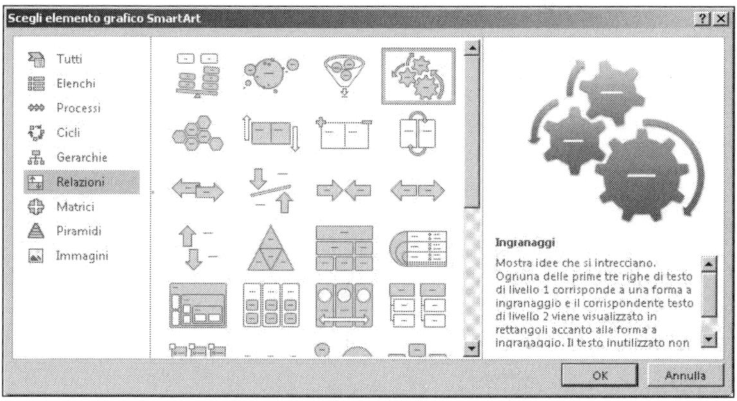

Figura 5.30 Oggetti SmartArt che rappresentano una relazione.

Tipicamente, le *matrici* rappresentano strutture bidimensionali composte da quattro blocchi, in una forma che ricorda un quadrato (Figura 5.31).

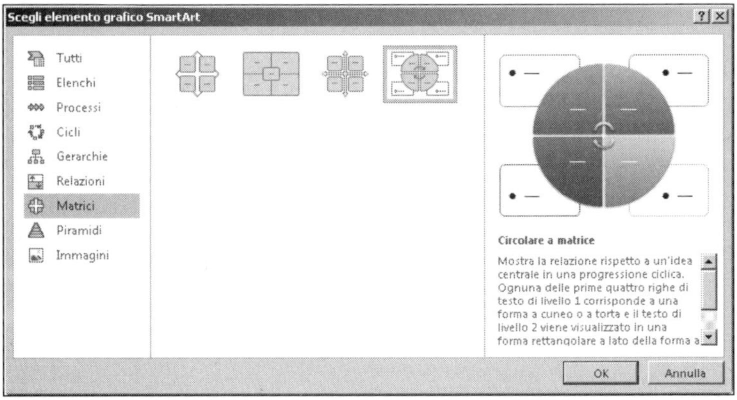

Figura 5.31 Oggetti SmartArt che rappresentano una matrice.

Le *piramidi* sono elenchi lineari le cui voci hanno un'importanza che aumenta dall'alto in basso o viceversa (Figura 5.32).

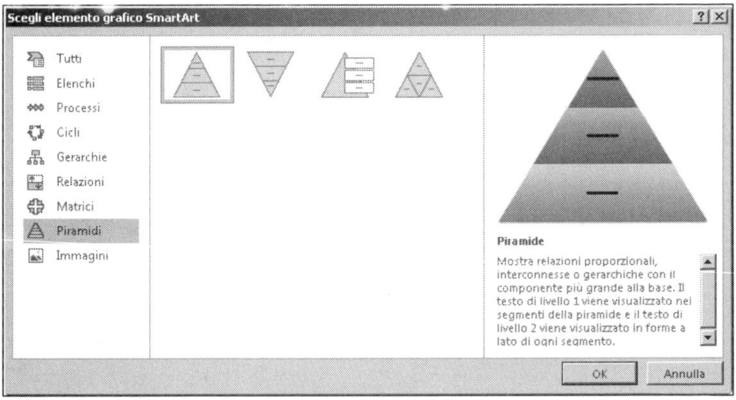

Figura 5.32 Oggetti SmartArt che rappresentano una piramide.

Gli oggetti SmartArt del raggruppamento *Immagini* sono in grado di rappresentare figurativamente elenchi in modo creativo (Figura 5.33).

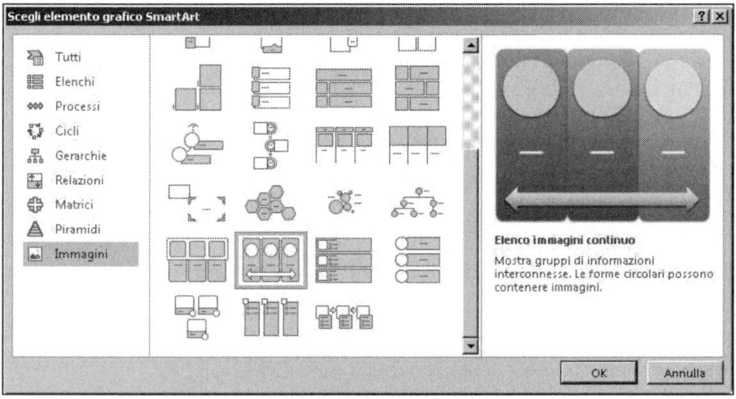

Figura 5.33 Una SmartArt come immagine grafica.

Non tutti gli oggetti SmartArt possono rappresentare un numero illimitato di voci. Al contrario, data la logica con la quale sono progettati alcuni elementi grafici, ce ne sono diversi che non prevedono più di quattro o cinque voci al massimo, come accade per le matrici. Quando il numero di voci è maggiore, nella struttura grafica prescelta vengono trasferite solo le prime, trascurando del tutto le altre nell'elenco.

Modifica di SmartArt

Dopo aver creato un oggetto grafico SmartArt, per modificarlo a livello di contenuti o struttura è necessario selezionarlo, facendo clic in un punto sopra l'elemento, e fare clic con il tasto destro del mouse su un punto del riquadro di selezione.

I comandi riportati nel menu contestuale sono diversi. Poco più in basso dei canonici *Taglia*, *Copia* e *Incolla* c'è *Cambia layout*, da utilizzare quando si intende modificare il tipo di SmartArt corrente con un altro. L'operazione può essere eseguita quando si valuta che l'aspetto dell'elemento grafico non corrisponde esattamente ai requisiti estetici desiderati o agli obiettivi di comunicazione da raggiungere. Facendo clic su *Cambia layout* si apre la finestra di dialogo *Scegli elemento grafico SmartArt*, nella quale si può selezionare un altro tipo di oggetto.

Il comando *Mostra riquadro di testo*, invece, permette di visualizzare nuovamente il riquadro in cui si possono digitare le voci.

Eliminazione di SmartArt

Con "eliminazione" di un oggetto *SmartArt* si possono intendere due operazioni: la cancellazione dell'elemento dalla diapositiva, in modo che non appaia più, oppure la conversione da oggetto grafico a normale elenco di voci di testo.

La cancellazione vera e propria avviene selezionando l'oggetto e premendo Canc. Se invece si desidera che non venga più visualizzato l'oggetto grafico ma solo un semplice elenco di voci, è sufficiente fare clic con il tasto destro del mouse su uno dei bordi del riquadro di selezione e selezionare *Converti in testo.*

Nel menu contestuale c'è anche la voce *Converti in forme*; facendo clic su di essa, l'oggetto *SmartArt* viene "smembrato" e diviso in singoli disegni grafici, ognuno dei quali diventa indipendente dagli altri. Per lavorarci, occorre selezionarli e utilizzare gli strumenti che agiscono sulle immagini.

Convertendo l'oggetto in forme, l'associazione con le voci dell'elenco non viene più gestita automaticamente.

Capitolo 6

Immagini, audio e video

Nelle presentazioni create con PowerPoint 2016, la multimedialità viene esaltata grazie all'inserimento di immagini, filmati video e registrazioni audio nelle diapositive.

Immagini

In PowerPoint 2016, al termine "immagini" si possono far corrispondere disegni fissi o in movimento, fotografie e immagini creative di fantasia. Può riferirsi, però, anche a elementi grafici generati con le funzioni *WordArt*, *SmartArt* e *Grafici*, la cui gestione è demandata più a funzioni legate al testo, di cui si parla in altra parte del libro.

Inoltre, il termine può essere associato anche a oggetti quali album di foto, che vengono creati automaticamente come presentazioni complete a partire da gruppi di fotografie registrate in un supporto di memoria. Facendo sempre riferimento alle funzioni del programma, poi, un altro tipo di immagine inseribile in una diapositiva è quella che si ottiene catturando parte o tutta la schermata del computer.

Qualunque sia la derivazione del tipo di immagine aggiunta a una slide, su di essa PowerPoint 2016 permette di eseguire diversi tipi di interventi. Molti degli strumenti disponibili potrebbero far parte di applicazioni di grafica o di fotoritocco e agiscono direttamente sul contenuto dell'immagine. Altri, invece, operano sulla sua presentazione con aggiunte come cornici o effetti come ombre e sfondi da utilizzare per renderle il più possibile gradevoli.

Partendo da questa premessa, l'inserimento di un'immagine in una diapositiva viene eseguito con questa procedura.

1. Fare clic sulla scheda *Inserisci*.
2. Nel gruppo *Immagini*, fare clic sull'icona del tipo di elemento che si desidera inserire.

I pulsanti visualizzati sulla barra sono:

- *Immagini*
- *Immagini online*
- *Schermata*
- *Album foto*

Immagini da file

La prima icona del gruppo *Immagini* è l'omonima *Immagini*. Facendo clic su di essa si apre la finestra di dialogo *Inserisci immagine* che mostra il file system del computer.

Nella finestra si possono esplorare unità disco rigido, unità DVD, schede di memoria flash, unità di memoria a stato solido come le chiavette USB ed eventuali cartelle condivise in rete per individuare file di formato grafico.

I formati di immagine riconosciuti da PowerPoint 2016 sono molto numerosi e fanno riferimento alle estensioni che vengono visualizzate nella casella a discesa accanto al nome del file. Tra le estensioni più note ci sono `.jpg`, `.gif`, `.png`, `.tiff` e `.bmp`.

Selezionando uno o più file e confermando, si inseriscono foto, disegni, immagini di fantasia nell'area di lavoro della diapositiva corrente. Rimangono a cura dell'utente il loro posizionamento nel punto corretto e altri interventi, come la variazione delle dimensioni per l'adattamento agli altri elementi presenti nella diapositiva. Questi interventi vengono eseguiti dalla scheda *Formato* della barra multifunzione (Figura 6.1).

Immagini dal Web

Chi conosce PowerPoint e altri programmi della suite Microsoft Office in genere associa al termine ClipArt un disegno che rappresenta un soggetto specifico, come una casa, un computer, un gatto. In realtà, oggetti di questo tipo possono rappresentare anche piccole sequenze di immagini in movimento (le cosiddette *GIF animate*) o contenere brevi registrazioni audio.

Una caratteristica degli oggetti ClipArt è che a ognuno di essi sono associate una o più parole chiave legate all'argomento di cui sono rappresentativi. Per esempio, al disegno di una casa con il camino fumante potrebbero essere associati i termini casa, camino, calore, tetto e altre ancora.

Figura 6.1 Un'immagine inserita in una diapositiva.

I file delle immagini e delle ClipArt possono essere prelevati anche dal Web; il programma si collega a Internet per permettere la ricerca di immagini memorizzate in Rete e trasferirle nel proprio computer, inserendole nella diapositiva corrente.

L'utente, quindi, le cerca in capienti archivi in linea, aggiornati di continuo e gestiti da Microsoft. La ricerca avviene in modo trasparente per l'utente, direttamente dall'interno del programma, senza la necessità di dover conoscere indirizzi, codici o parole chiave.

In termini operativi, per aggiungere un oggetto grafico ClipArt in una diapositiva si procede come segue.

1. Fare clic sulla scheda *Inserisci*.
2. Fare clic su *Immagini online* per aprire la finestra dove eseguire una ricerca con il motore di ricerca Bing.

Se è stato eseguito l'accesso con un account Microsoft è inoltre possibile cercare immagini nel proprio spazio di archiviazione OneDrive oppure su Facebook e altri social media.

3. Scrivere nella casella di testo un termine legato all'argomento per il quale interessa trovare un'immagine (Figura 6.2).
4. Avviare la ricerca premendo Invio o facendo clic sull'icona con la forma di una lente di ingrandimento.

Figura 6.2 La ricerca di immagini con Bing.

I risultati vengono visualizzati sotto forma di miniature elencate per righe e colonne nella stessa finestra della ricerca (Figura 6.3). Facendo clic su una miniatura e quindi sul pulsante *Inserisci*, la relativa immagine viene inserita nella diapositiva.

Parti della schermata

Chi sta creando una presentazione con PowerPoint potrebbe voler mostrare al pubblico parte della schermata del computer con cui sta lavorando. L'operazione è possibile con questa sequenza operativa.

1. Fare clic sulla scheda *Inserisci*.
2. Fare clic sul pulsante *Schermata*.

Si apre così un sottomenu con le miniature di tutte le finestre che risultano aperte in quel momento; per inserire un'intera finestra si fa clic su una delle miniature.

Figura 6.3 I risultati della ricerca in Bing.

Subito dopo, quella finestra appare nella diapositiva e può essere modificata, spostata o eliminata con le stesse tecniche e le stesse funzioni utilizzate per qualsiasi immagine.

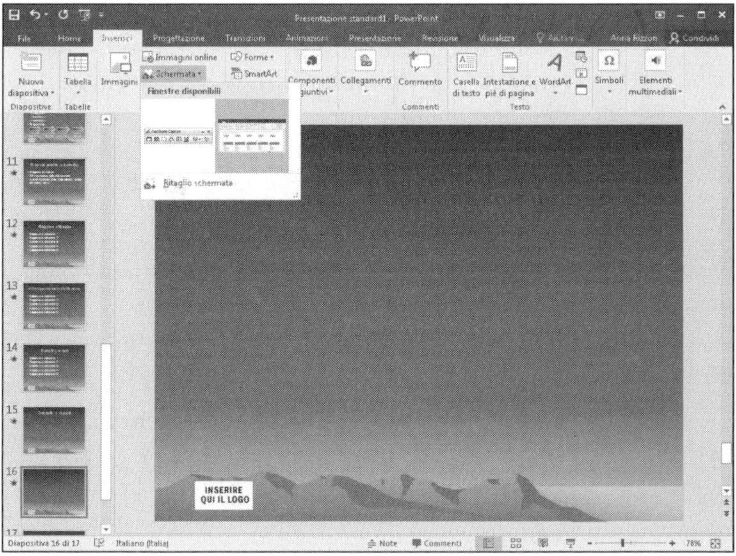

Figura 6.4 L'aggiunta di immagini delle finestre aperte sul desktop.

Per inserire in parte o tutta l'immagine del desktop, invece, nel sottomenu occorre fare clic su *Ritaglio schermata*. L'effetto risultante è la visualizzazione di una patina bianca sopra l'intero Desktop, mentre il puntatore assume l'aspetto di un crocino.

A questo punto, per catturare una zona rettangolare dello schermo è necessario eseguire queste operazioni.

1. Portare il puntatore sul vertice iniziale della zona di cui catturare l'immagine.
2. Fare clic e tenere premuto il tasto sinistro del mouse.
3. Trascinare il puntatore fino a raggiungere il vertice opposto della zona da catturare, che è visibile normalmente anziché "appannata".

Quando si rilascia il tasto del mouse, l'area rettangolare rivelata dall'azione di trascinamento viene riportata come immagine nella diapositiva. Se l'area coperta dal trascinamento del mouse fosse pari all'intero schermo, nella diapositiva verrebbe inserita l'immagine di tutto il desktop.

Album di foto

La creazione di un album di fotografie potrebbe essere considerata come un'attività apparentemente lontana dalle caratteristiche e dagli obiettivi di un programma di grafica di presentazione. In PowerPoint, invece, esiste un'apposita funzione per generare un album di foto a partire da un gruppo di immagini memorizzate in una certa cartella del disco.

Si può quindi pensare di organizzare una serie di diapositive per mostrare fotografie dei prodotti venduti da un'azienda o di luoghi, oppure si possono presentare immagini delle fasi di lavorazione di un manufatto o delle varianti di colore di un'automobile. Nessuno vieta, naturalmente, di riportare gruppi di fotografie di eventi personali o della propria famiglia nelle diapositive di una presentazione.

Qualunque sia lo scopo, in PowerPoint 2016 la creazione di un album è un'attività guidata che viene eseguita con queste operazioni.

1. Fare clic su *Album foto* nel gruppo *Immagini* della scheda *Inserisci*.
2. Fare clic su *File/Disco* per aprire la finestra per individuare la cartella contenente i file di immagine.
3. Selezionare i file.
4. Fare clic su *Inserisci*.

A questo punto le immagini vengono riportate sotto forma di elenco nel riquadro *Immagini nell'album* della finestra *Album foto* (Figura 6.5).

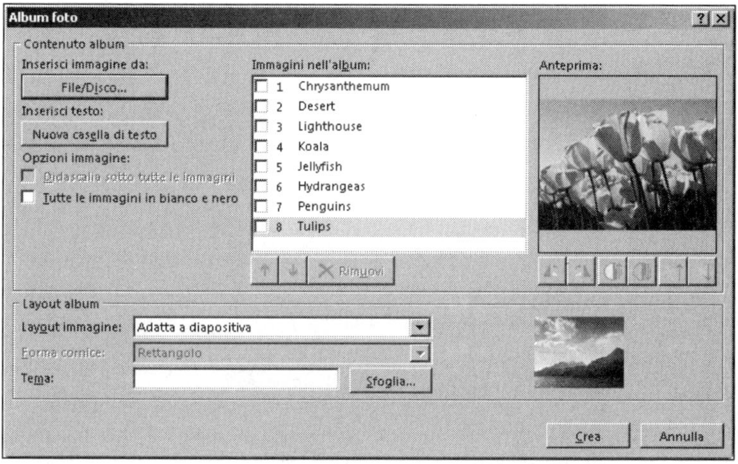

Figura 6.5 Le immagini inserite per la creazione di un album di foto.

Su di esse, l'utente può eseguire numerose azioni, tutte attivabili con i pulsanti e le caselle che si trovano nella finestra.

- Visualizzare la miniatura della foto selezionata facendovi clic.
- Spostare le immagini di una posizione verso l'alto o verso il basso con i pulsanti con le frecce sotto l'elenco delle immagini.
- Ruotare l'immagine selezionata di 90° verso sinistra o verso destra con i pulsanti sotto l'anteprima dell'immagine.
- Aumentare o ridurre la luminosità o il contrasto sempre con i pulsanti sotto l'anteprima.

Oltre a queste opzioni, nella sezione *Layout album* si può stabilire come devono apparire le immagini nelle diapositive che fanno da "album fotografico".

La prima delle scelte, *Layout immagine*, è un elenco a discesa con valori che variano tra una e quattro immagini per diapositiva, con o senza titolo. Selezionando due o quattro immagini per diapositiva, si attiva la casella *Forma cornice* con un elenco comprendente voci come *Ret-*

tangolo, Rettangolo arrotondato, Cornice semplice, Cornice composta, Rettangolo con ombreggiatura al centro e *Rettangolo contorni sfumati.*

Confermando con un clic su *Crea*, vengono generate automaticamente più diapositive contenenti le immagini scelte dall'utente, nella disposizione e con l'aspetto stabilito nelle impostazioni (Figura 6.6).

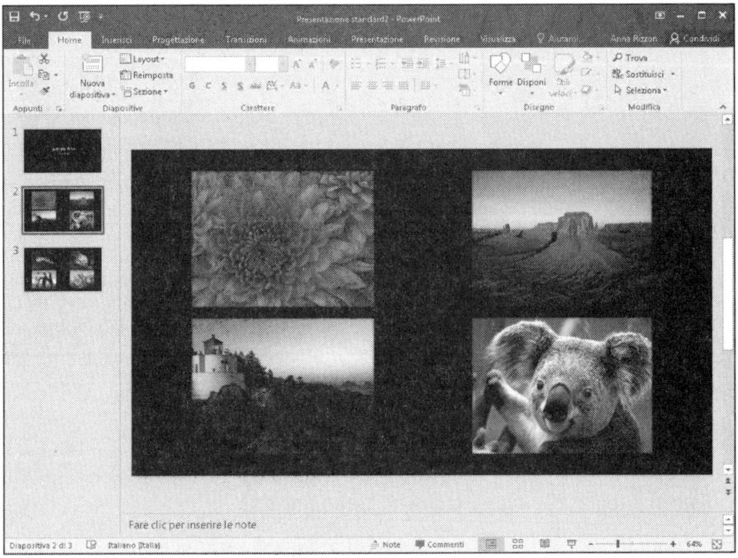

Figura 6.6 L'album di immagini creato automaticamente.

Interventi sulle immagini

PowerPoint è un programma di presentazione con il quale si creano sequenze di diapositive che descrivono prodotti, servizi ed eventi di varia natura da proporre a un pubblico di persone.

Da quando è stata introdotta la barra multifunzione, nella scheda *Formato* relativa alle immagini sono stati inseriti una serie di strumenti operativi utilizzabili per modifiche e interventi creativi di varia natura.

Le sezioni in cui sono raccolti prendono i nomi *Regola, Stili immagini, Disponi* e *Dimensioni* (Figura 6.7).

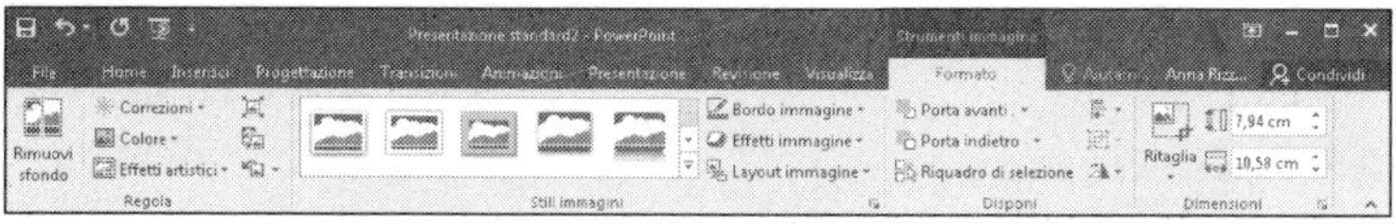

Figura 6.7 La scheda Formato per le immagini.

In *Regola* è raccolta la maggior parte delle funzioni che operano sui parametri di un'immagine. Molte delle funzioni presenti in *Stili immagini* (bordo ed effetti) e in *Disponi* (primo, secondo piano, allinea, raggruppa, ruota) sono le stesse già viste nel Capitolo 3, dedicato agli strumenti di lavoro.

Le dimensioni di un'immagine possono essere modificate trascinando le maniglie con il mouse. Tramite i comandi presenti nel gruppo *Dimensioni*, però, c'è la possibilità di variare finemente l'altezza e la larghezza dell'oggetto, controllandone il valore fino ai decimi di millimetro. Lo stesso gruppo ospita anche il comando per tagliare parte di un'immagine o renderla di dimensioni adeguate alle necessità.

Correzioni: nitidezza, luminosità e contrasto

In Microsoft PowerPoint si può agire sui principali parametri riguardanti un'immagine fotografica, quali nitidezza, luminosità e contrasto o saturazione e tonalità dei colori.

Non tutti sono esperti in materia e in grado di utilizzare appositi programma di grafica per ottenere i migliori risultati. Per favorire tutti gli utenti, in PowerPoint le operazioni sono state rese più semplici grazie a una serie di azioni i cui effetti sono riportati in piccole immagini di esempio. In pratica, ogni parametro può essere modificato guardando un gruppo di miniature che rappresentano varie combinazioni di valori e scegliendo con un clic quella che si ritiene più valida per i propri scopi.

Per esempio, le operazioni per modificare la nitidezza sono le seguenti.

1. Fare clic sull'immagine nella diapositiva per selezionarla.
2. Fare clic sulla scheda *Formato* sotto *Strumenti immagine*.
3. Fare clic sull'icona *Correzioni* nel gruppo *Regola*.
4. Scegliere il valore desiderato con un clic su una delle miniature di esempio nella sezione *Nitidezza/Sfocatura* (Figura 6.8).

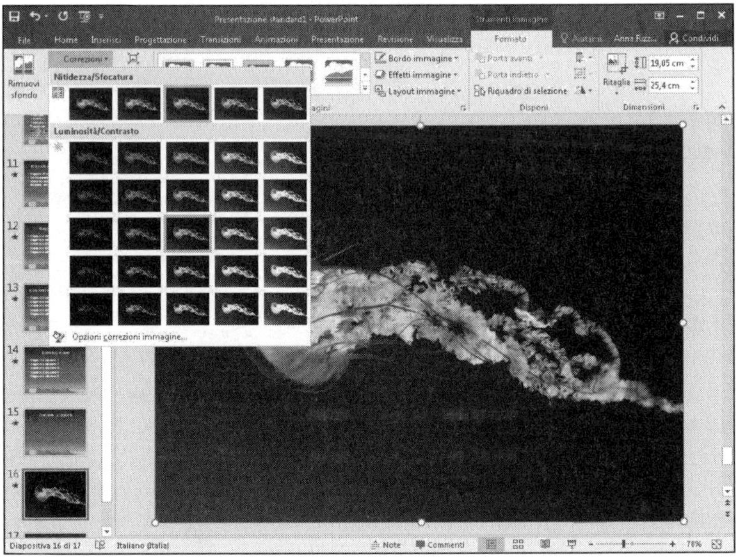

Figura 6.8 La regolazione della messa a fuoco di un'immagine.

Le miniature rappresentano proprio l'immagine selezionata e mostrano in modo schematico il risultato che si otterrebbe applicando un valore di messa a fuoco che va dal 50% di maggiore sfocatura al 50% di maggiore nitidezza con il valore zero al centro.

Per scegliere il valore desiderato conviene sfruttare la funzione di anteprima: è sufficiente portare il puntatore sopra ognuna delle miniature, senza fare clic, e verificare cosa accade all'immagine reale nella diapositiva. Quando il risultato è di proprio gradimento, facendo clic sulla piccola immagine su cui il puntatore è in quel momento, viene applicato il nuovo valore della messa a fuoco.

Le stesse modalità operative valgono anche per *Luminosità/Contrasto*, sempre all'interno del sottomenu *Correzioni*. In questo caso, le miniature vengono visualizzate in una matrice di cinque righe per cinque colonne. Ognuna rappresenta una combinazione di valori dei due parametri variabili da meno 40% a più 40% con incrementi del 20%. La piccola immagine al centro è quella con entrambi i valori a zero, che corrisponde a "nessuna variazione da eseguire".

Chi si sente in grado di intervenire in modo più preciso sui valori può farlo aprendo il riquadro attività *Formato immagine* selezionando la voce

Opzioni correzione immagine dal sottomenu *Correzioni*. Il riquadro attività si apre con la sezione *Correzioni immagine* in primo piano (Figura 6.9).

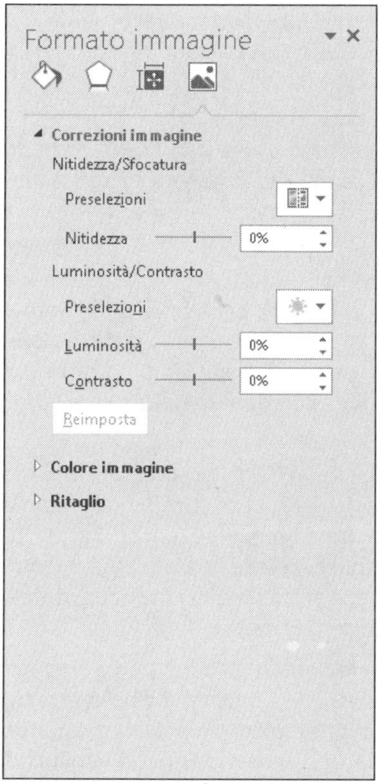

Figura 6.9 Le correzioni eseguibili tramite il riquadro attività Formato immagine.

L'utente può:

- variare i valori in modo preciso, inserendo la nuova percentuale nella casella di scorrimento o facendo clic sui piccoli pulsanti a destra;
- scegliere tra i valori predefiniti già visti con le miniature facendo clic sul pulsante *Preselezioni*;
- riportare tutti i parametri ai valori iniziali facendo clic su *Reimposta*.

Colore: saturazione e tinte

In una fotografia, non è detto che la gamma dei colori rappresentati sia quella maggiormente rispondente alla realtà. A causa di interferenze dovute alla luminosità dell'ambiente, all'apparecchiatura fotografica o ad altri fattori ancora, l'immagine potrebbe avere colori troppo carichi o troppo sbiaditi.

I colori di una fotografia possono essere modificati anche in modo creativo. Due esempi sono il bianco e nero e l'antichizzazione con il viraggio verso il color seppia.

In PowerPoint, lo strumento *Colore* nel gruppo *Regola* della scheda *Formato* serve per eseguire ampie correzioni delle tinte di un'immagine. Per permettere di esprimere al meglio la propria capacità creativa, gli interventi possibili si estendono anche al viraggio della sua colorazione di base e all'impostazione di un determinato colore come trasparente.

Nel sottomenu che appare facendo clic su *Colore* ci sono funzioni per intervenire su saturazione, tonalità, ricolorazione e trasparenza. Come per altri cambiamenti sul formato di un'immagine, anche in questo caso la modifica viene resa più semplice, perché guidata dagli esempi riportati in una serie di miniature e dall'anteprima del risultato, visibile direttamente nella diapositiva (Figura 6.10).

Il valore della saturazione può essere variato da zero, pari a "nessun colore", al 400% di quello di partenza, per aumentare fino a quattro volte la concentrazione della "quantità di colore" iniziale. Impostando il valore a zero, l'immagine diventa in bianco e nero con varianti di colore grigio.

La modifica sulla tonalità riguarda la temperatura del colore, passando da un'immagine con colori più freddi a una nella quale i colori assumono toni più caldi.

La ricolorazione interviene come una funzione di filtro con la quale viene modificato sostanzialmente l'aspetto dell'immagine selezionata. Può essere utilizzata per ottenere effetti "speciali" che rispondono a criteri di creatività.

Chi sceglie di impostare un colore come trasparente lo fa per avere la possibilità di sovrapporre l'immagine su un altro sfondo, in modo che sia visibile attraverso lo spazio ottenuto eliminando quel colore.

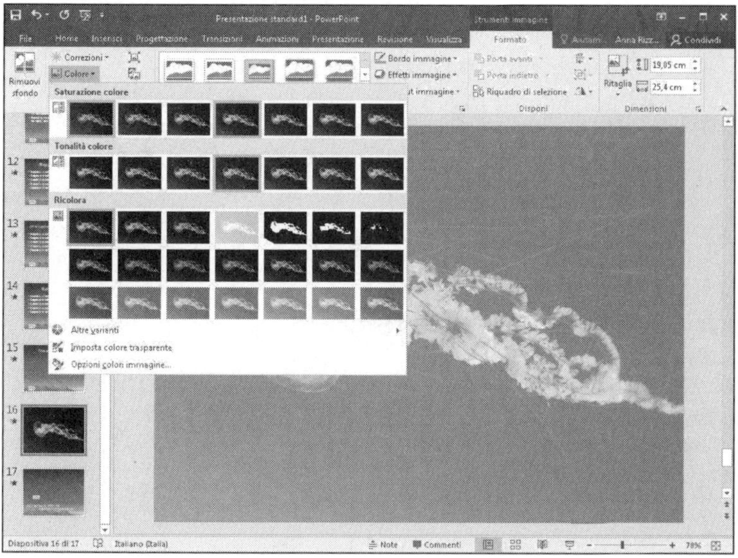

Figura 6.10 La regolazioni del colore di un'immagine.

Il meccanismo della trasparenza è simile a quello del chroma key *del mondo televisivo e del cinema. Si parte dal riprendere un soggetto con lo sfondo di un unico colore, di solito il verde. Supponendo che in fase di post-produzione si imposti lo stesso verde come colore trasparente, quando si sovrappone l'immagine di partenza a un altro sfondo, si riesce a simulare la ripresa del soggetto in un qualsiasi altro posto: su una montagna, piuttosto che sulla luna.*

Effetti speciali e artistici

Per ottenere risultati ancora più creativi, si possono utilizzare con profitto i filtri disponibili nel sottomenu *Effetti artistici* (Figura 6.11).

I nomi dei filtri, visualizzati sotto forma di miniatura, possono dare un'idea del tipo di risultato ottenibile quando si fa clic su una di esse. Come per gli altri interventi sul formato, però, conviene sempre valutare il risultato guardando direttamente l'anteprima sull'immagine di partenza nell'area di lavoro della diapositiva mentre si sposta il puntatore sulle miniature.

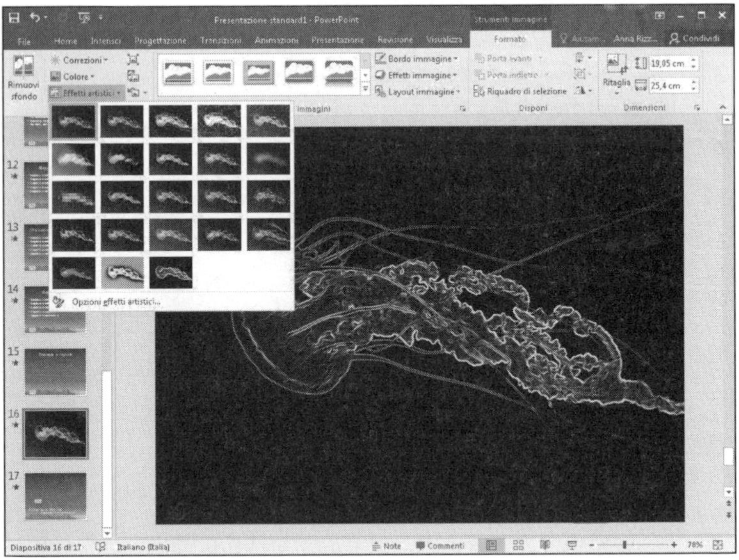

Figura 6.11 L'effetto "neon" su un'immagine.

Strumenti "tecnici"

Le immagini inserite in una diapositiva hanno una serie di proprietà che le caratterizzano. Fino a questo punto sono state considerate quelle di natura "estetica", come luminosità, colore e nitidezza. Un'immagine, però, ha anche altre peculiarità, un po' più "tecniche" dal punto di vista informatico, come il *fattore di compressione* e la *risoluzione*.

Il primo parametro influisce su specifiche zone dell'immagine. La risoluzione viene misurata in numero di punti per pollice (ppi, *point per inch*) e indica la "quantità di informazioni" contenute in un'area di 2,54 per 2,54 centimetri.

In termini pratici, la riproduzione a video necessita di una risoluzione molto minore rispetto a quella che serve per la stampa su fogli di carta. Valori tipici sono 72 o 96 ppi per il video e da 200 a 300 punti per stampe di buona qualità su stampanti laser o a getto d'inchiostro. Per avere un altro riferimento, le immagini riportate sulle copertine patinate di una rivista di prestigio possono avere risoluzioni di circa 4000 ppi.

Delle immagini si può deliberatamente aumentare la compressione e variare la risoluzione al fine di ridurre le loro dimensioni in byte e, quindi, anche quelle del file della presentazione che la contiene.

Si deve sempre tenere conto che interventi di questo genere provocano inevitabilmente una perdita in termini di qualità. Spesso, se non sempre, sono anche irreversibili, nel senso che dopo il salvataggio non sarà più possibile recuperare la qualità originaria.

Per esempio, si può intervenire con la compressione quando ci sono immagini nelle quali non occorre che i dettagli siano percepiti in ogni minimo particolare. La risoluzione può essere invece variata tenendo conto opportunamente del tipo di dispositivo di uscita al quale viene inviata la presentazione.

In entrambi i casi, le azioni da compiere sono le seguenti.

1. Selezionare l'immagine.
2. Fare clic sulla scheda *Formato*, se necessario.
3. Fare clic sull'icona *Comprimi immagini* nel gruppo *Regola* per visualizzare la finestra di dialogo omonima (Figura 6.12).

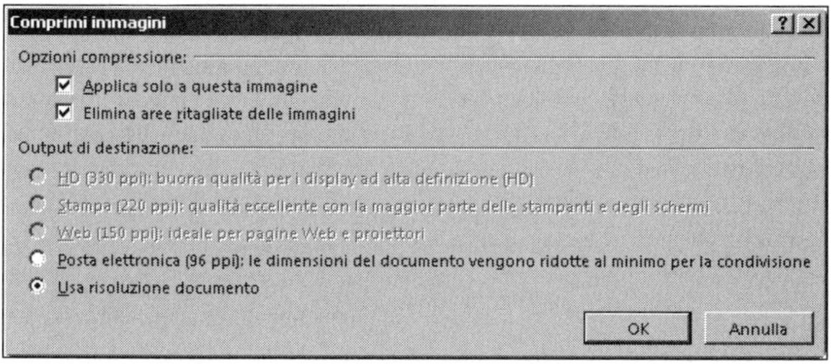

Figura 6.12 Le opzioni per la compressione delle immagini.

La finestra di dialogo prevede due zone di intervento: *Opzioni compressione* e *Output di destinazione*. Nella prima sezione si possono attivare o disattivare le caselle di controllo per applicare la compressione solo all'immagine selezionata o a tutte le immagini e per eliminare le aree ritagliate.

Se in *Output di destinazione* si seleziona la voce *Posta elettronica*, PowerPoint porta la risoluzione a 96 ppi. Attivando *Stampa*, invece, il valore passa a 220 ppi. Tra le opzioni, poi, esiste anche la voce *Usa risoluzione documento*, per lasciare il valore della risoluzione a quello predefinito dell'immagine di partenza.

Ridimensionamento e ritaglio

Nelle diapositive, le immagini vengono inserite leggendole da file o catturandole dallo schermo. Non è detto, però, che un'immagine debba essere utilizzata per intero: ne potrebbe servire solo una parte, da ricavare tagliandola da quella di partenza.

Anche per questa esigenza, invece di utilizzare programmi esterni di gestione della grafica, PowerPoint fornisce appositi strumenti nel gruppo *Dimensioni* della scheda *Formato*. Sono raccolti nel sottomenu *Ritaglia* e comprendono le voci *Ritaglia*, *Ritaglia forma*, *Proporzioni*, *Riempimento* e *Adatta*.

Scegliendo *Ritaglia*, ai quattro lati dell'immagine viene visualizzato un riquadro, sui bordi del quale ci sono quattro segni angolari agli spigoli e un piccolo segmento di linea al centro di ognuno dei lati. Questi possono essere trascinati con il mouse per delimitare l'area che si intende tagliare (Figura 6.13).

Il comando *Ritaglia forma*, invece, apre il sottomenu delle forme, a loro volta divise in rettangoli, frecce, stelle e così via. Selezionando una delle forme, l'immagine viene ritagliata di conseguenza come se si stesse utilizzando una formina di metallo sulla pasta sfoglia per ricavarne dei biscotti.

Con *Proporzioni* si impone un ben preciso rapporto tra i lati dei bordi dell'area tagliata, mentre le funzioni *Riempimento* e *Adatta* provocano una variazione delle dimensioni dell'immagine: la prima in modo che occupi completamente il riquadro di selezione dell'oggetto immagine nella diapositiva, mentre la seconda in modo che occupi lo spazio delimitato dal riquadro ottenuto con il trascinamento del mouse.

Uso degli stili

L'aspetto di un'immagine non viene modificato solamente variandone i parametri interni come il colore, la luminosità e simili. Un modo per renderla più gradevole è aggiungere una cornice intorno ai bordi, come se fosse un quadretto da appendere.

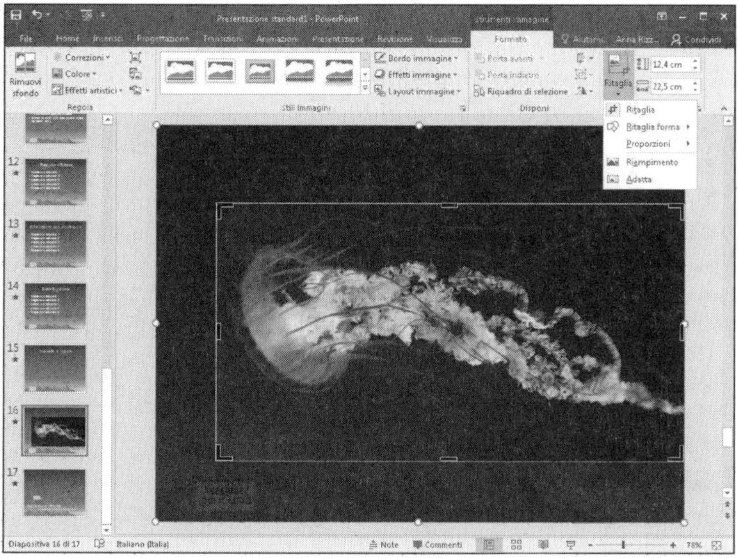

Figura 6.13 Gli strumenti di ritaglio dell'immagine.

Un altro è aggiungere ombre o aloni sfumati intorno ai lati, per evitare di avere un semplice oggetto "piatto" poggiato sulla superficie della diapositiva.

Oltre a queste funzioni, PowerPoint permette anche di impostare effetti di tridimensionalità, sia pure per mostrare solo un'immagine che "venga fuori" dalla pagina. Altri effetti 3D, poi, agiscono sull'oggetto immagine in modo da permetterne la simulazione della rotazione all'interno di una sfera.

Il riquadro rettangolare *Stili veloci* nella scheda *Formato* mostra una serie di tipi di cornici e di effetti visivi, visualizzandone la miniatura. Per aprirlo interamente e visualizzare tutti gli stili disponibili, occorre fare clic sul pulsante con la freccia sulla destra delle miniature. Come per altre proprietà, anche in questo caso conviene passare il puntatore sulle miniature e fermarsi per vedere il risultato in anteprima direttamente nella diapositiva (Figura 6.14).

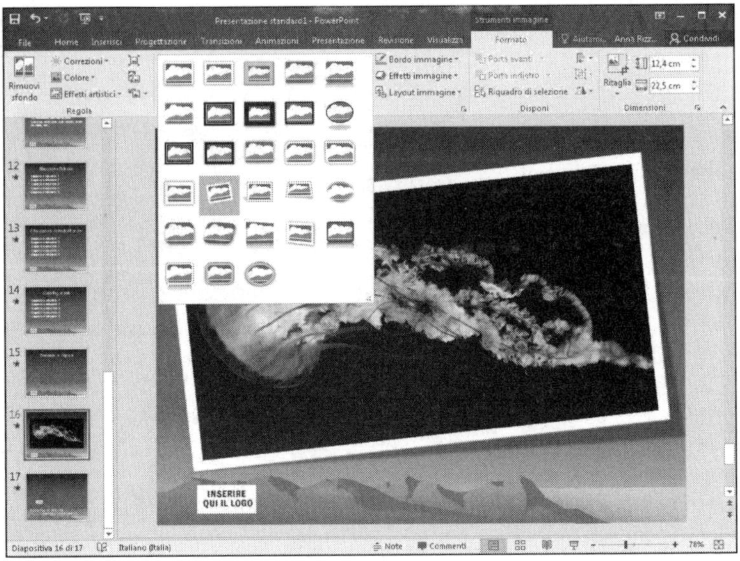

Figura 6.14 L'applicazione di uno stile all'immagine.

Audio

In una diapositiva, l'inserimento di audio può essere utile per avere musica di sottofondo o suoni relativi a una specifica ambientazione durante la riproduzione di diapositive o dell'intera presentazione. La musica di sottofondo può essere continua o avere una durata limitata, per esempio essere riprodotta solo per alcuni secondi all'inizio della visualizzazione della diapositiva.

Specifici suoni possono essere riprodotti di continuo, come nel caso di un cinguettio di sottofondo quando si mostra un giardino davanti a una casa, o per un breve periodo di tempo. Esempi di questo tipo sono un applauso o il rombo di un motore che si avvicina.

Diversi tipi di suoni sono associati alla comparsa o alla scomparsa di oggetti nella diapositiva, attività che riguardano le animazioni, di cui si parlerà nel Capitolo 7.

In tutti i casi, dopo aver inserito un file audio nella diapositiva, PowerPoint fornisce strumenti per impostarne le caratteristiche e adattarne la riproduzione per le finalità della presentazione.

In una diapositiva, l'audio può essere inserito da due diverse fonti, ovvero da un file sul PC o da una registrazione che avviene in tempo reale.

In tutti i casi le azioni da compiere sono le seguenti.

1. Portarsi sulla diapositiva nella quale aggiungere l'audio.
2. Fare clic sulla scheda *Inserisci.*
3. Fare clic sulla freccia del pulsante *Audio* nel gruppo *Effetti multimediali.*
4. Nell'elenco a discesa, fare clic su *Audio in PC personale* oppure su *Registra audio.*

PowerPoint 2016 riconosce automaticamente la maggior parte dei formati di file con contenuti audio, come AAC, MP3, WAV e WMA.

Selezionando la prima opzione viene visualizzata la finestra in cui cercare il file audio sul proprio PC; selezionando invece *Registra audio* viene visualizzata una finestra dove si può avviare la registrazione di un suono.

File audio e controlli

Che si inserisca un file audio o esistente o si registri un nuovo file, nella diapositiva viene inserita un'icona a forma di altoparlante accompagnata da una barra contenente gli strumenti di avvio, pausa e avanzamento (Figura 6.15). L'icona non serve durante la riproduzione dell'audio, ma solo per indicare la presenza dell'oggetto nella diapositiva. Con le opzioni del programma si può anche impostarla come "nascosta al pubblico".

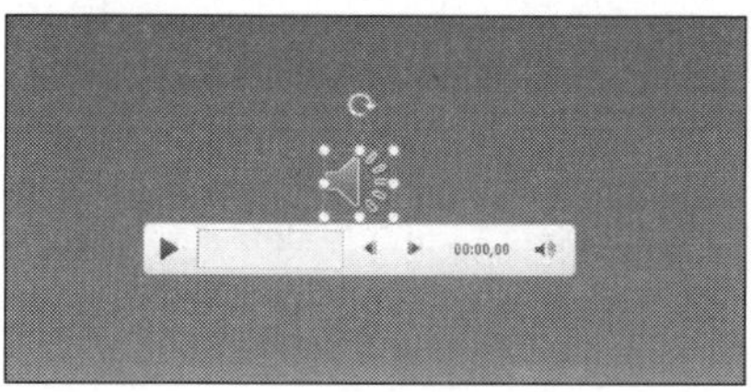

Figura 6.15 I controlli per l'audio.

Per ascoltare l'audio si può fare clic sul primo pulsante per avviare la riproduzione; durante l'ascolto, l'icona viene sostituita da quella per mettere in pausa. Il riquadro accanto al pulsante di riproduzione contiene una barra che si riempie progressivamente verso destra per indicare quanto tempo è trascorso dall'avvio e quanto manca alla fine. La durata complessiva è riportata sulla destra, subito prima dell'icona dell'altoparlante con la quale si può variare il livello sonoro della riproduzione.

Quando si seleziona l'oggetto audio, in alto appare la scheda *Strumenti audio* con due schede secondarie, *Formato* e *Riproduzione*.

Facendo clic su *Formato*, nella barra multifunzione appaiono icone di funzioni analoghe a quelle per lavorare sulle immagini. Facendo clic su *Riproduzione*, invece, vengono visualizzati gli strumenti per intervenire sul sonoro e personalizzare le modalità di riproduzione.

Controllo della riproduzione

La prima icona della scheda *Riproduzione* (Figura 6.16) è il pulsante *Riproduci*, che diventa *Interrompi* per mettere in pausa la riproduzione dell'audio in corso.

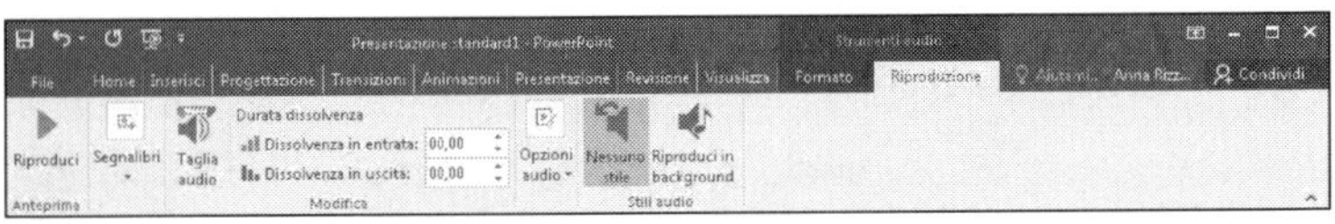

Figura 6.16 La scheda Riproduzione.

Il pulsante *Segnalibri* permette di aggiungere un "segnalibro" per indicare un certo punto dell'audio dove inizia o termina una parte da tenere sotto controllo.

Facendo clic sul pulsante *Taglia audio* nel gruppo *Modifica* si apre l'omonima finestra di dialogo nella quale si possono variare l'inizio e la fine della riproduzione, tagliando una parte della registrazione. Per impostare i nuovi valori, è sufficiente trascinare verso l'interno della barra l'indicatore verde per l'inizio e quello rosso per la fine (Figura 6.17).

I valori scelti rimangono impostati per la riproduzione, ma il file originale non viene modificato.

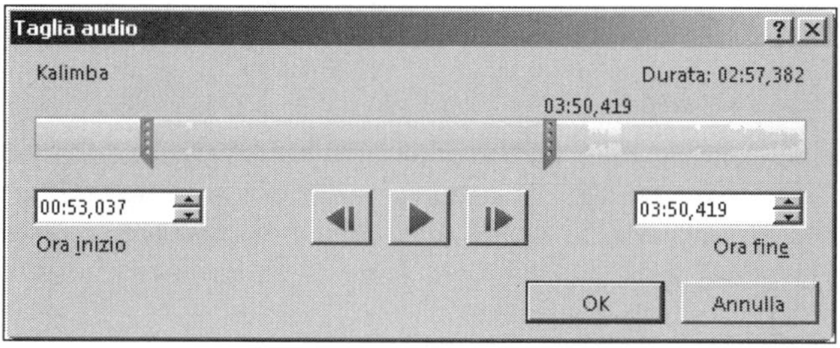

Figura 6.17 L'impostazione di nuovi punti di inizio e fine per l'audio.

Sempre nel gruppo *Modifica*, si possono impostare anche la durata dell'eventuale dissolvenza all'inizio e alla fine della riproduzione, in numero di secondi e decimi di secondo.

Il pulsante *Opzioni audio* apre un sottomenu con diverse scelte (Figura 6.18). L'elenco a discesa *Inizio* permette di scegliere se la riproduzione deve partire automaticamente all'apertura della diapositiva oppure quando si fa clic con il mouse.

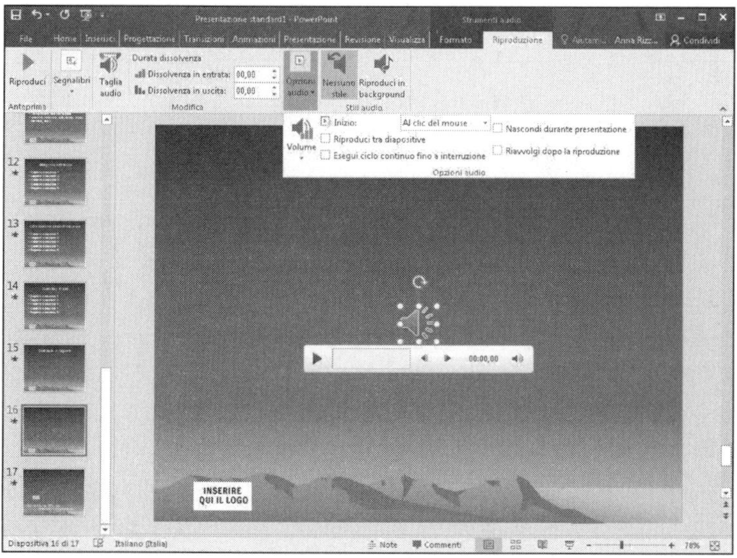

Figura 6.18 Le opzioni relative alla riproduzione dell'audio.

L'icona *Volume* fornisce quattro livelli sonori che vanno da "disattivato" ad "alto", mentre attivando la casella *Nascondi durante presentazione*, l'icona dell'altoparlante non viene visualizzata al pubblico.

Selezionando la casella *Esegui ciclo continuo fino a interruzione*, l'audio viene riprodotto di continuo, ripartendo da capo ogni volta che termina la riproduzione, fino a quando non viene interrotto dall'oratore. Attivando invece *Riavvolgi dopo la riproduzione*, l'audio viene riportato all'inizio dopo che è stato riprodotto.

Video

Il movimento di persone e oggetti e i suoni che si ascoltano quando si guarda un filmato attirano inevitabilmente l'attenzione. Inserendo un video in un punto di una presentazione, dunque, si offre al pubblico una sequenza filmata il cui obiettivo è rendere più ricca l'esposizione degli argomenti.

Filmati da file

L'aggiunta di un oggetto video in una diapositiva avviene eseguendo queste operazioni.

1. Fare clic sulla scheda *Inserisci* della barra multifunzione.
2. Fare clic sulla freccia del pulsante *Video* nel gruppo *Elementi multimediali*.
3. Selezionare *Video in PC personale*.
4. Cercare il file desiderato nella tradizionale finestra del file system di Windows e selezionarlo.
5. Fare clic su *Inserisci*.

Nella diapositiva viene visualizzato un riquadro accompagnato dai pulsanti di riproduzione (Figura 6.19).

Filmati dal Web

Se il video da inserire deve essere acquisito da Internet, al posto di *Video in PC personale* è necessario selezionare *Video online*. La finestra visualizzata (Figura 6.20) permette di cercare un video nel proprio spazio di archiviazione online personale, su YouTube oppure specificando il codice di incorporamento di un video.

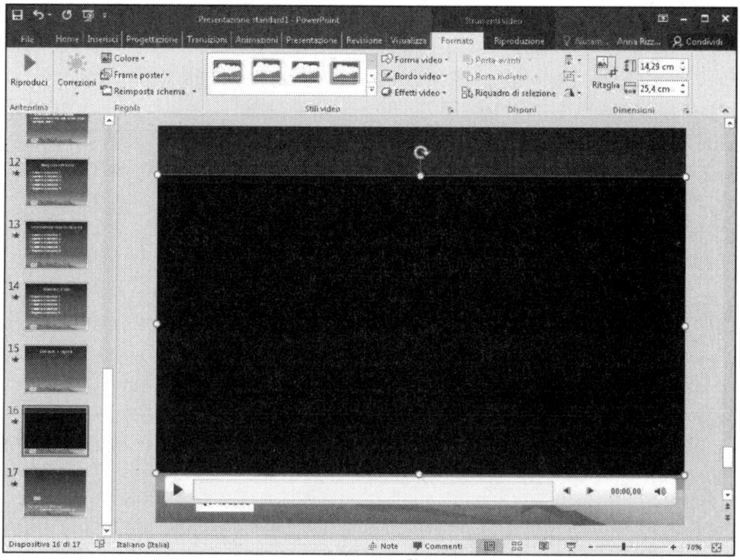

Figura 6.19 L'inserimento di un video personale in una diapositiva (di default la prima schermata è nera).

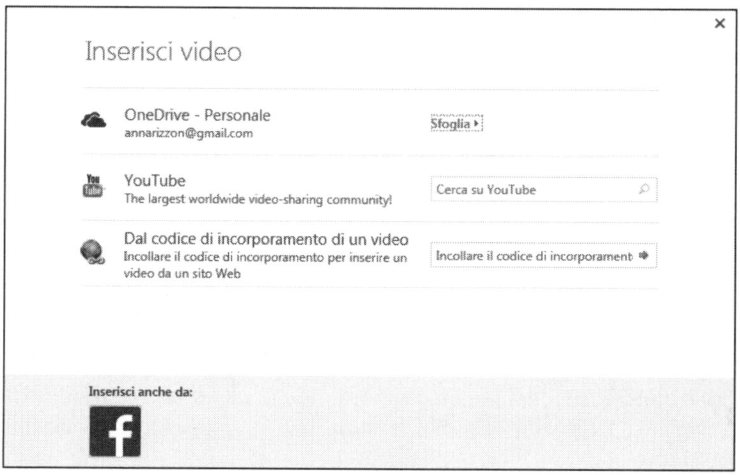

Figura 6.20 L'inserimento di un video dal Web.

Il codice di incorporamento è una sequenza di istruzioni, generalmente in linguaggio HTML, che alcuni siti web mettono a disposizione per consentire l'inserimento di un loro filmato in altre pagine web o all'interno di documenti. In questo caso va però tenuto presente che nella presentazione non viene inserito il filmato vero e proprio, ma solamente un collegamento ipertestuale all'oggetto su Internet. Questo significa che, se nel momento in cui si avvierà la presentazione il computer non è connesso a Internet, verrà visualizzato un messaggio di errore.

Controllo del formato

Molti dei controlli disponibili per un filmato video sono simili, quando non del tutto identici, a quelli che agiscono sugli oggetti audio (per quanto riguarda la riproduzione) e a quelli relativi alle immagini (in relazione all'aspetto visivo).

Esistono anche controlli specifici per i video. Per esempio, per impostazione predefinita l'oggetto video è visualizzato nella diapositiva come un rettangolo di colore nero, che rimane tale fino a che non viene avviata la riproduzione (vedi la Figura 6.19 riportata in precedenza). Per rendere più gradevole la visione della diapositiva anche quando il filmato è fermo, PowerPoint permette di sostituire un'immagine al riquadro nero, come se fosse una locandina o un poster.

Per ottenere questo risultato occorre selezionare l'oggetto video, fare clic sulla scheda *Formato* e selezionare *Frame poster* per visualizzare un sottomenu con tre scelte. Selezionando *Frame corrente* il programma cattura l'immagine del filmato mostrata in quel momento a video e la imposta come predefinita. Scegliendo *Immagine da file* si può esplorare il file system per selezionare e aprire un'immagine da impostare come fotogramma iniziale. Per ripristinare lo stato iniziale del filmato, togliendo il fermo immagine corrente, è sufficiente fare clic su *Reimposta*.

Con il pulsante *Reimposta schema*, invece, vengono ripristinate le condizioni iniziali del filmato. Si possono annullare solo le modifiche a livello di formattazione o ripristinare anche le dimensioni originali dell'immagine.

Capitolo 7

Effetti speciali e animazioni

PowerPoint 2016 fornisce gli strumenti e le risorse utili per creare presentazioni multimediali che siano gradevoli e accattivanti, in modo da catturare l'attenzione del pubblico.

Durante la riproduzione delle diapositive, l'oratore espone gli argomenti agli ascoltatori, che fanno riferimento ai testi, ai grafici e alle immagini che appaiono sullo schermo. Nell'ambito delle tecniche di comunicazione, è noto il fatto che il movimento attira l'attenzione di chi guarda, tenendola desta. Per sfruttare questa caratteristica, si possono utilizzare effetti speciali come quelli legati alle transizioni e alle animazioni, che forniscono vivacità e dinamismo alla riproduzione delle diapositive.

In PowerPoint, una *transizione* è il momento del passaggio da una diapositiva alla successiva. Normalmente, una transizione è pressoché istantanea: quando si fa clic o si preme un tasto, la diapositiva corrente scompare e appare immediatamente quella seguente.

Diverse funzioni del programma, invece, possono intervenire per rendere più lunga la durata di questo passaggio, aggiungendovi qualche effetto scenografico di tipo "televisivo", come la dissolvenza o lo scorrimento.

Un'*animazione*, invece, è un effetto legato a uno degli eventi relativi agli oggetti contenuti in una diapositiva, come il momento dell'entrata, il momento dell'uscita o la selezione.

Non è detto, infatti, che il contenuto di una diapositiva debba essere necessariamente statico: si può immaginare di far cadere un oggetto dall'alto, di sollevare una scatola da un tavolo o di far lampeggiare uno specifico prodotto tra quelli presenti in un gruppo.

Per rendere più efficace l'effetto, alle transizioni possono essere associati anche suoni di vario tipo, buona parte dei quali sono disponibili direttamente nel programma.

I vari effetti sono combinabili tra loro e possono essere impostati per rendere più gradevole e invitante la presentazione. Chi li utilizza lo fa con l'obiettivo di fare in modo che i destinatari della presentazione riescano a fissare meglio in memoria quello che intende comunicare loro.

Transizioni

La prima cosa da chiarire è che l'attivazione di una transizione riguarda il passaggio dalla diapositiva precedente a quella corrente. Per esempio, se si sta lavorando con la diapositiva numero dodici, la transizione riguarda il passaggio tra la undici e la dodici. Se la diapositiva corrente è la numero uno, invece, la transizione riguarda l'inizio della presentazione, ossia il momento della visualizzazione della prima diapositiva al pubblico.

La seconda cosa da tenere presente è che, per sapere al volo se a una diapositiva è stato già applicato un effetto di transizione o di animazione, si può guardare se, accanto alla sua miniatura, è presente una piccola stella con alcune linee (in alto a sinistra nella *Visualizzazione normale*, oppure in basso a sinistra nella visualizzazione *Sequenza diapositive*).

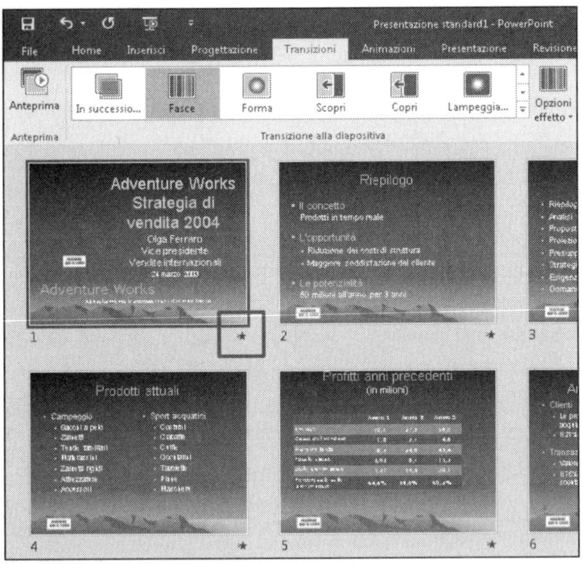

Figura 7.1 L'indicatore della presenza di una transizione.

Facendo clic sulla stella, PowerPoint riproduce un'anteprima degli effetti attivi, in modo che chi lavora con la presentazione possa vedere quali e come sono stati impostati.

Effetti di transizione

Per lavorare con le transizioni si entra nell'omonima barra multifunzione, che è divisa in tre gruppi: *Anteprima*, *Transizione alla diapositiva* e *Intervallo*.

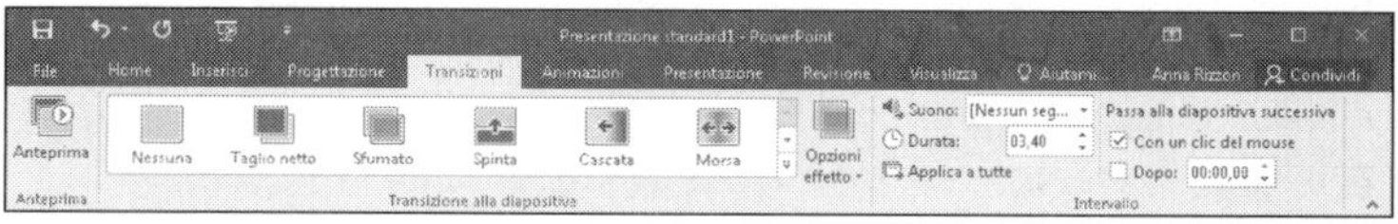

Figura 7.2 La scheda Transizioni della barra multifunzione.

Nel primo gruppo, *Anteprima*, si trova l'icona per verificare cosa accade quando si esegue la transizione.

Il secondo gruppo, *Transizione alla diapositiva*, contiene strumenti dedicati alla creazione di un certo tipo di transizione, scegliendola tra quelli disponibili nel programma. Nella stessa scheda, la prima icona, *Nessuna*, viene utilizzata per eliminare una eventuale transizione già impostata.

Nel gruppo *Intervallo* sono invece disponibili le funzioni dedicate alla gestione delle modalità con cui deve avvenire il passaggio da una diapositiva alla successiva.

Facendo clic sul pulsante con la freccia rivolta in basso nel riquadro delle transizioni disponibili è possibile aprire il sottomenu in cui sono raccolte tutte le transizioni offerte da PowerPoint (Figura 7.3).

I nomi sotto a ogni miniatura e il disegno riportato nel piccolo rettangolo dovrebbero già aiutare a identificare il tipo di transizione corrispondente. Ecco alcuni esempi.

- *Scacchiera* crea una divisione della diapositiva in quadrati di una scacchiera.
- *Capriola* attiva una rotazione della diapositiva lungo l'asse orizzontale.

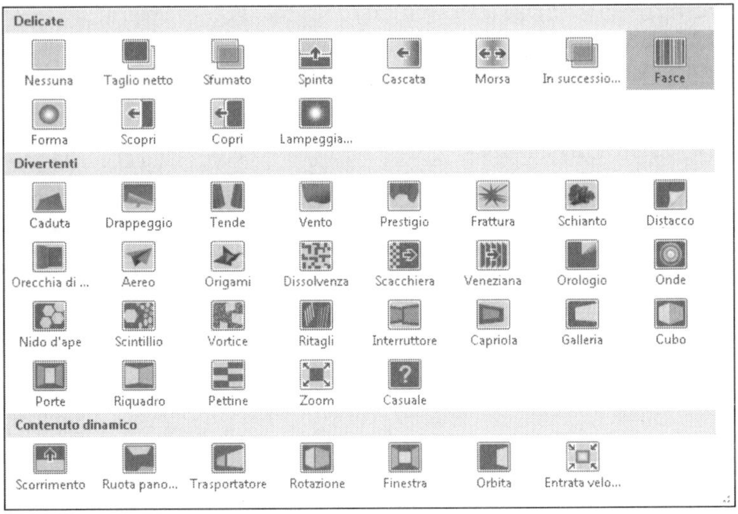

Figura 7.3 Le transizioni disponibili.

- *Ritagli* divide la superficie della diapositiva in strisce sottili, come dei ritagli di giornale.
- *Fasce* provoca la comparsa della diapositiva in colonne verticali che si aprono una dopo l'altra.

Come in molti altri casi, è sempre utile fare clic sulla miniatura di cui interessa visualizzare l'effetto per vederne l'anteprima. Diventa così più semplice decidere quale tipo di transizione conviene scegliere.

Accanto al riquadro delle transizioni disponibili c'è il pulsante *Opzioni effetto*, che non è sempre attivo perché le opzioni proposte dipendono dal tipo di transizione. Per alcune, la scelta è tra orizzontale e verticale; per altre, è tra dall'alto e dal basso. Altre ancora prevedono un insieme delle combinazioni precedenti o scelte ancora diverse per tipologia, per direzione (obliqua) e per livello di arrivo (sopra o sotto la precedente).

Per esempio, per la transizione *Ritagli* il clic sul pulsante apre un sottomenu con le voci mostrate nella Figura 7.4.

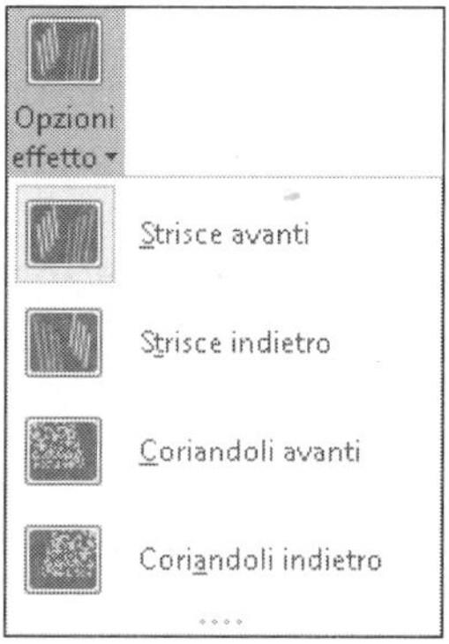

Figura 7.4 Le opzioni per la transizione Ritagli.

Suoni, durata, modalità

Nel gruppo *Intervallo* della scheda *Transizioni*, il pulsante *Suono* consente di aprire un sottomenu dal quale scegliere un effetto acustico da associare alla transizione. I suoni corrispondono a file con estensione `.wav`, prelevati direttamente tra quelli dell'elenco a discesa in PowerPoint o letti da file registrati su supporti di memoria collegati al computer (Figura 7.5).

Per acquisire un suono da un file esterno, è necessario fare clic sull'ultima voce dell'elenco, *Altri segnali acustici*. Il risultato è l'apertura di una finestra di dialogo in cui navigare nel file system e individuare il file da aprire.

Come per le transizioni, anche in questo caso è utile leggere i nomi dei file per avere un'idea del tipo di sonorità che viene associata alla transizione. Voci come *Applauso*, *Esplosione* e *Clic* rendono già abbastanza chiaro il tipo di suono a cui corrispondono.

Ancora più utile, comunque, è passare il puntatore sulle singole voci del sottomenu, perché il programma attiva la riproduzione del suono mentre viene riprodotta anche la transizione che era stata scelta. Ascoltando l'audio e vedendo contemporaneamente l'effetto visivo, chi lavora sulla presentazione ha una percezione migliore del risultato che viene ottenuto.

Nell'impostare un suono, si può stabilire se riprodurlo una sola volta o in maniera continua. Nel secondo caso, occorre attivare l'opzione *Esegui ciclo continuo fino al segnale acustico*.

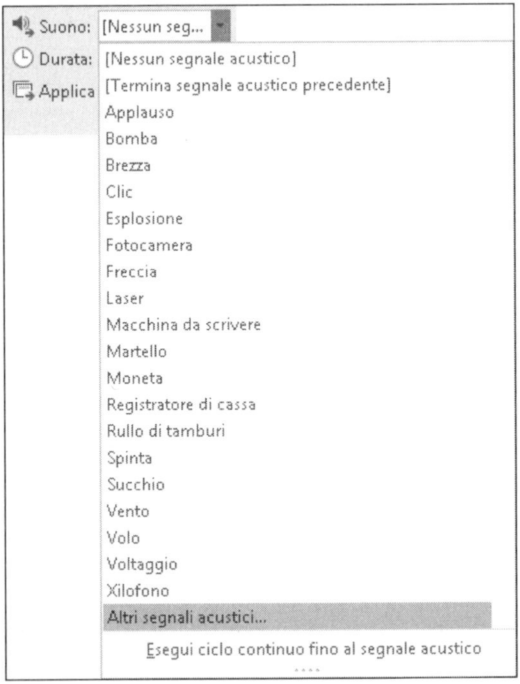

Figura 7.5 Le opzioni per l'aggiunta di un suono a una transizione.

Un'altra opzione riguarda la durata della transizione, impostabile nell'omonima casella a scorrimento. Qui si può inserire il valore in secondi e frazioni di secondo.

Se una transizione piace, può essere associata a tutte le diapositive della presentazione con il pulsante *Applica a tutte*. Il comando imposta immediatamente la transizione su tutte le diapositive e non chiede conferma.

Nel gruppo *Intervallo* c'è, inoltre, l'impostazione relativa a quando deve avvenire il passaggio da una diapositiva a un'altra. Le scelte sono *Con un clic del mouse* e *Dopo* (un certo periodo di tempo). In quest'ultimo caso, è l'utente a impostare il numero di secondi che devono trascorrere prima che la diapositiva corrente venga sostituita da quella successiva nella sequenza.

Animazioni

Facciamo un esempio. Se sullo sfondo di una diapositiva c'è un paesaggio, si può immaginare di farci entrare prima un'auto, poi un'altra auto e poi una persona. Successivamente, la seconda auto potrebbe essere messa in evidenza rispetto all'altra che, in un secondo momento, viene fatta uscire dalla diapositiva.

La fantasia può suggerire innumerevoli ipotesi di entrate, uscite ed evidenziazioni di oggetti dall'area di lavoro, allo scopo di mostrare effetti visivi che siano di impatto per chi guarda la presentazione.

Per aggiungere un'animazione a un oggetto contenuto in una diapositiva occorre effettuare le seguenti operazioni.

1. Selezionare l'oggetto.
2. Fare clic sulla scheda *Animazioni*.
3. Aprire il sottomenu *Stili animazione* (Figura 7.6).
4. Fare clic sul tipo di animazione desiderato.

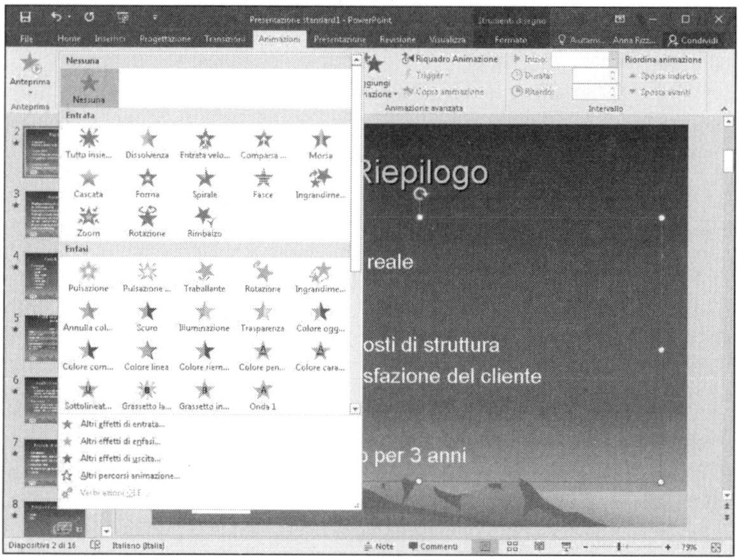

Figura 7.6 Le animazioni disponibili in PowerPoint.

Nell'elenco le animazioni sono raccolte in diverse categorie, chiamate *Entrata*, *Enfasi*, *Uscita* e *Percorsi animazione*.

Le ultime categorie potrebbero non essere visibili immediatamente, perché nascoste sotto altre voci. Per visualizzarle, è necessario scorrere l'elenco utilizzando la barra laterale.

La voce *Entrata* si riferisce agli effetti che provocano la comparsa dell'oggetto nell'area di lavoro della diapositiva. *Enfasi* racchiude le animazioni con cui l'oggetto viene posto al centro dell'attenzione, rendendolo più evidente. Le animazioni della categoria *Uscita*, invece, sono quelle applicate all'oggetto nell'accompagnarlo fuori dalla diapositiva.

Il gruppo *Percorsi animazione* merita una descrizione più dettagliata in un paragrafo a parte perché, a sua volta, è articolato in ulteriori sottolivelli che è importante conoscere.

Come per altre impostazioni, nomi come *Comparsa dal basso* e *Ingrandimento a rotazione* cercano di rendere chiaro il tipo di effetto che viene applicato all'oggetto selezionato. Anche in questo caso, portando il puntatore sull'icona di un'animazione, nell'area di lavoro della diapositiva se ne vede l'anteprima il che, in termini pratici, aiuta a decidere quale scegliere.

Per alcune animazioni è possibile impostare varianti di funzionamento. Quando sono disponibili, il pulsante *Opzioni effetto* diventa attivo e consente di eseguire una scelta nel suo sottomenu (Figura 7.7).

Percorsi di animazione

Gli effetti proposti in *Percorsi animazione* (Figura 7.8) impongono all'oggetto di seguire un determinato percorso all'interno dell'area di lavoro della diapositiva. Alcuni seguono figure geometriche note come segmenti di linea e archi.

La voce *Forme* è volutamente generica. Attivandola, l'oggetto viene condotto a seguire un percorso predefinito circolare, ma facendo clic su *Opzioni effetto* è possibile scegliere forme geometriche diverse quali ottagoni, trapezi e triangoli.

Inoltre, ogni forma dispone di punti di controllo che possono essere trascinati per modificare il comportamento dell'animazione. Le modalità di modifica sono simili a quelle del riquadro di selezione che appare intorno alle immagini e agli oggetti multimediali di PowerPoint.

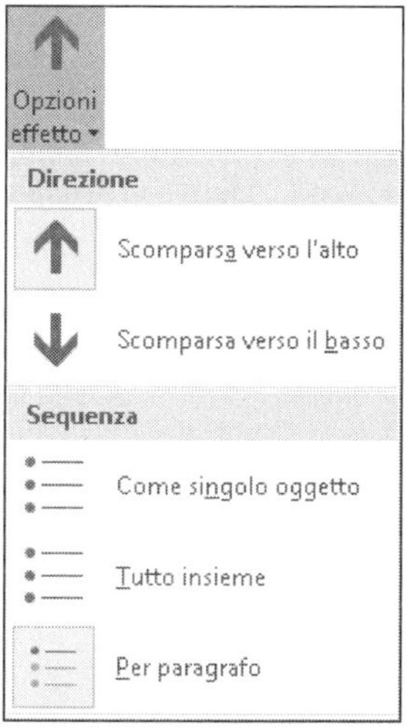

Figura 7.7 Ulteriori opzioni per un effetto di animazione.

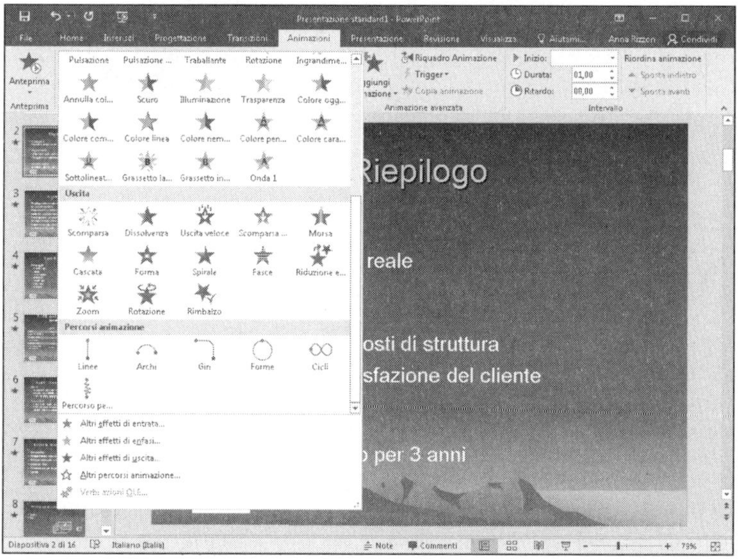

Figura 7.8 Percorsi di animazione.

Proprio come negli altri oggetti, intorno ai percorsi viene visualizzata anche una maniglia di colore verde, da trascinare per ruotare l'elemento intorno al suo asse centrale. Utilizzandolo, un movimento che nasce per essere eseguito in verticale può seguire un andamento per esempio in diagonale, con un angolo di inclinazione qualsiasi stabilito dall'utente.

Per realizzare un percorso di animazione complesso è preferibile ricorrere all'animazione Percorso personalizzato. *Quando si attiva il relativo pulsante, il puntatore del mouse viene sostituito da un mirino con il quale disegnare il percorso che l'oggetto selezionato in origine dovrà seguire all'interno della diapositiva (Figura 7.9).*

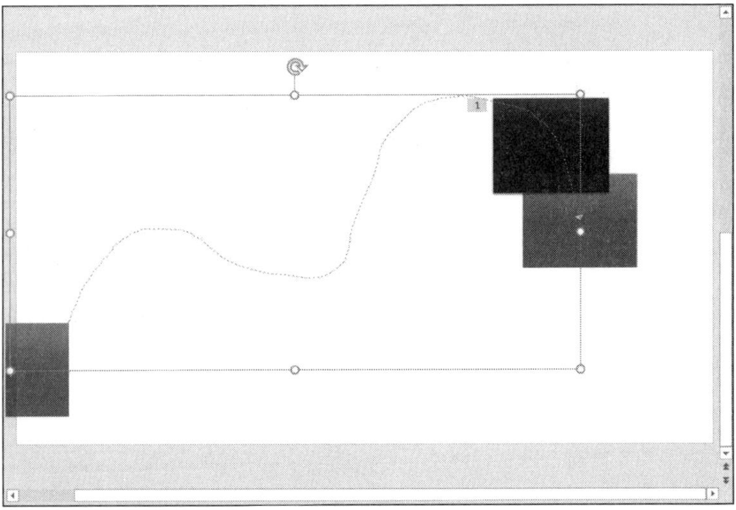

Figura 7.9 Un percorso di animazione personalizzato.

Le ultime voci del sottomenu *Opzioni effetto* sono *Modifica punti* e *Inverti direzione percorso*. La prima fa apparire la struttura tratteggiata con le maniglie intorno all'oggetto in modo da poterla modificare con il mouse. La seconda fa sì che il percorso seguito dall'oggetto vada nel verso opposto a quello corrente.

Animazioni multiple

In PowerPoint 2016 a un oggetto possono essere applicati più effetti di animazione. Per fare un esempio, a uno stesso oggetto si potrebbero assegnare:

- un effetto che accompagna l'entrata nella diapositiva;
- una seconda animazione per metterlo in evidenza;
- un terzo effetto per fargli seguire un certo percorso;
- un'ultima animazione per accompagnarlo verso l'uscita.

Al di là delle opportunità che possono essere stabilite liberamente da chi crea la presentazione, per impostare un altro effetto speciale su un oggetto occorre fare clic sul pulsante si fa clic su *Aggiungi animazione* nel gruppo *Animazione avanzata*.

Inserendo una seconda o più animazioni, però, ci si potrebbe trovare nella condizione di non riuscire a sapere quale sia la sequenza con la quale vengono eseguite. Può sorgere anche l'esigenza di dover scambiare tra di loro l'esecuzione di due effetti applicati allo stesso oggetto.

Per risolvere il primo problema e tenere traccia sia di quante animazioni sono state inserite, sia della loro sequenza di esecuzione, accanto all'oggetto appaiono dei piccoli numeri racchiusi in un rettangolo. Facendo clic su uno dei numeri viene selezionato il reticolo relativo a quell'animazione con i punti di ridimensionamento da utilizzare per personalizzare il percorso dell'oggetto (Figura 7.10).

Un modo semplice per variare la posizione dell'effetto nella sequenza di animazioni è selezionare il numero relativo e fare clic su uno dei pulsanti *Sposta avanti* o *Sposta indietro* nel gruppo *Intervallo*.

Gestione avanzata delle animazioni

Un effetto applicato su un oggetto che entra nell'area di lavoro di una diapositiva dispone di una serie di parametri da tenere sotto controllo.

- Quando deve iniziare.
- Quanto deve durare.
- Di quanto deve ritardare il proprio intervento.
- Se deve intervenire prima o dopo altre animazioni presenti nella stessa diapositiva.

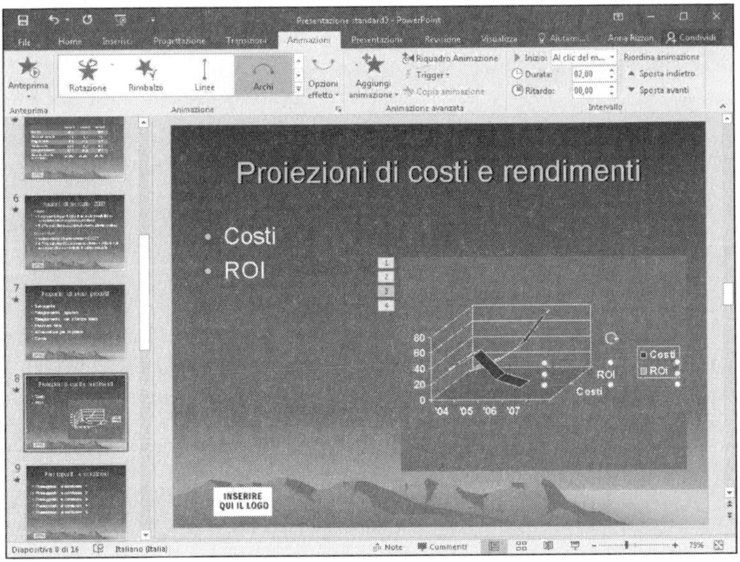

Figura 7.10 Animazioni multiple su un oggetto.

Per ognuna delle caratteristiche c'è almeno un pulsante che ne permette la gestione in modo completo. Per esempio, nel gruppo *Intervallo* della scheda *Animazioni*, nell'elenco a discesa *Inizio* si può decidere se l'effetto deve partire *Al clic del mouse*, *Con il precedente* o *Dopo il precedente*.

Nella casella di scorrimento *Durata* si imposta il numero di secondi per la durata dell'animazione, mentre nella casella *Ritardo* si inserisce il numero di secondi che devono trascorrere prima che l'animazione selezionata abbia inizio. Per entrambe le caselle, il valore può essere inserito direttamente con la tastiera o essere impostato facendo clic sui piccoli pulsanti sulla destra della casella.

Oltre alle funzioni attivabili tramite pulsanti, nel gruppo *Animazione avanzata* PowerPoint 2016 mette a disposizione il pulsante *Riquadro Animazione*. Facendo clic è possibile aprire il riquadro attività omonimo (Figura 7.11).

Nel riquadro si trovano:

- il pulsante *Riproduci da*, che attiva l'esecuzione delle animazioni con l'indicazione della linea temporale di avanzamento in secondi;

Figura 7.11 Il Riquadro Animazione.

- due pulsanti *Riordina* per spostare in su o in giù le animazioni nella sequenza di esecuzione;
- riferimenti a tutte le animazioni presenti nella diapositiva;
- un pulsante sulla destra di ogni riga che apre un sottomenu con ulteriori impostazioni.

Facendo clic su *Opzioni effetto* in questo sottomenu viene aperta la finestra di dialogo relativa all'animazione selezionata (Figura 7.12), che permette di agire su numerosi parametri lavorando con linee temporali di esecuzione, effetti di sfumatura, agganci con altre animazioni e altri parametri ancora. Con gli strumenti disponibili, potrebbe avere gratificazioni anche chi ha discrete competenze di regia televisiva e di montaggio video.

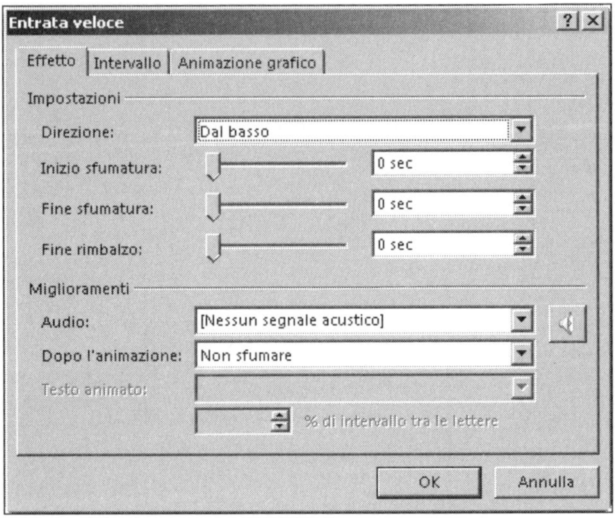

Figura 7.12 Le opzioni avanzate di gestione degli effetti.

Tra le altre impostazioni di questa finestra, nel campo *Audio* della scheda *Effetto* si può associare a un'animazione un suono con le modalità e le scelte già descritte nei paragrafi dedicati alle transizioni.

Capitolo 8

Presentazione

Il momento più importante per chi ha lavorato su una presentazione è quando questa viene mostrata al pubblico. Ci sono la legittima soddisfazione di vedere il risultato del proprio impegno e la consapevolezza di aver collaborato al meglio con i propri colleghi nell'aver fornito un servizio utile agli scopi della struttura a cui si appartiene.

Prima di giungere a questo momento, però, è opportuno che la riproduzione delle diapositive avvenga in un ambiente controllato, per eseguire delle simulazioni. Tra i controlli da eseguire, occorre valutare se i contenuti sono corretti e se il loro aspetto è coerente in tutte le diapositive. Inoltre, è importante verificare anche che la somma dei tempi destinati alla illustrazione dei singoli argomenti rispetti quella complessiva prevista per l'intera presentazione.

Presentazione a video

Le destinazione naturale della riproduzione di una presentazione al pubblico è sullo schermo. Dire "schermo", però, non significa necessariamente "sul display del computer", perché le sue dimensioni potrebbero essere non sufficienti a fornire una corretta visione dei contenuti delle diapositive ai destinatari.

Quando si dice "pubblico", infatti, si fa istintivamente riferimento a un gruppo di almeno dieci o venti persone. In questa situazione, si dovrà visualizzare la presentazione su schermi di grandi dimensioni.

Gli apparecchi utilizzati normalmente a questo scopo sono i videoproiettori, che vengono collegati alla presa di uscita video del computer. Da qui ricevono il segnale video, lo elaborano e inviano le immagini su schermi in tela bianca riflettente, che vengono srotolati al momento o sono già aperti in apposite sale attrezzate per la visione del pubblico.

Da qualche tempo allo stesso scopo vengono utilizzati anche schermi televisivi LCD (*Liquid Crystal Display*), a LED (*Light Emitting Diode*) o al plasma, un tipo di gas ionizzato inserito all'interno di pannelli di cristallo. Negli ultimi anni il loro costo è sceso progressivamente e le dimensioni sono diventate grandi abbastanza per una corretta visualizzazione da parte di un certo numero di persone (Figura 8.1).

Figura 8.1 Monitor e telo di grandi dimensioni per proiezioni al pubblico.

In ogni caso, più numeroso è il gruppo di persone che deve assistere alla presentazione, più ampi devono essere gli spazi.

I più recenti televisori vengono definiti Smart TV *perché integrano tecnologie analoghe a quelle di un computer. Hanno schede di rete per collegamenti alla rete locale e a Internet, possono installare app per ampliare le proprie funzioni interattive e possono riprodurre contenuti multimediali ricevuti da computer collegati nella stessa rete, anche in Wi-Fi.*

Avvio della presentazione

Per avviare in esecuzione la presentazione partendo dalla prima diapositiva, in PowerPoint 2016 ci sono almeno tre metodi.

- Premere il tasto funzione F5.
- Fare clic sull'icona *Presentazione* accanto al dispositivo di zoom sulla barra di stato.
- Fare clic sulla scheda *Presentazione* e poi sul pulsante *Dall'inizio*.

Immediatamente dopo, lo schermo del computer viene riempito completamente dalla prima diapositiva (Figura 8.2).

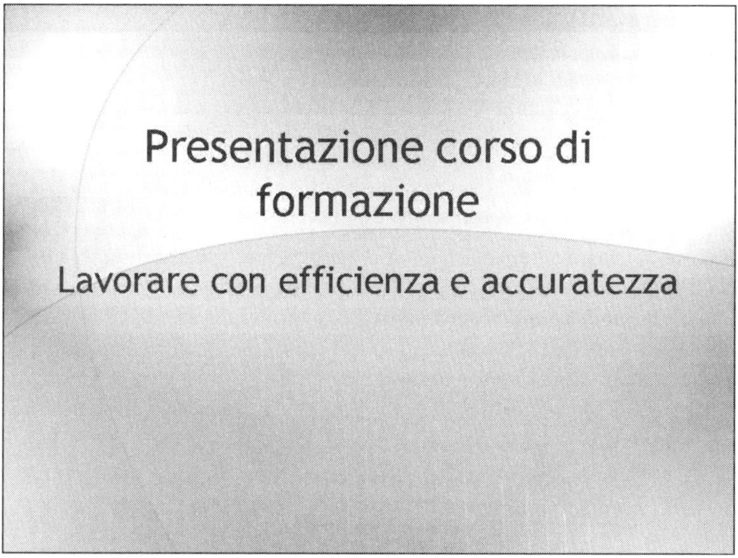

Figura 8.2 Una presentazione riprodotta a schermo intero.

Non è un caso che sia stato precisato "dalla prima diapositiva". Normalmente, infatti, quando si pensa alla riproduzione al pubblico, si immagina di visualizzare tutte le diapositive, una dopo l'altra, mentre il relatore ne illustra i contenuti a voce.

Può capitare, però, che durante la presentazione ci si debba fermare per mostrare una diversa schermata o per qualsiasi altro motivo. In questo caso occorre ripartire da una specifica diapositiva, interna alla sequenza.

Supponendo di dover riprendere la visualizzazione dalla diapositiva numero cinque, è sufficiente visualizzarla nella finestra di lavoro di PowerPoint e poi eseguire in alternativa una di queste tre azioni.

- Premere la combinazione di tasti Maiusc+F5.
- Tenere premuto Alt e fare clic sull'icona *Presentazione* sulla barra di stato.
- Fare clic sulla scheda *Presentazione* e poi sul pulsante *Dalla diapositiva corrente.*

Spostamento tra le diapositive

Con gli strumenti disponibili in PowerPoint, l'avanzamento da una diapositiva a un'altra può essere impostato in modo del tutto automatico, in tempi e modi prefissati nella fase di creazione. Analogamente, si può immaginare di avere anche la descrizione vocale dei contenuti in modo automatico, attraverso la riproduzione di registrazioni audio sincronizzate con l'avanzamento delle slide.

Più spesso, però, i contenuti delle diapositive vengono illustrati a voce da un relatore. Chi parla al pubblico riesce ad avere la percezione del livello di attenzione ricevuto. Chi ascolta, poi, può porre domande per capire meglio qualche passaggio, per formulare una proposta o per avanzare il proprio pensiero sull'argomento.

Tenendo conto di queste variabili in tempo reale, il relatore può dimensionare la durata di ogni discorso e il numero di esempi, in modo da ottimizzare al meglio il trasferimento di informazioni.

Questa modalità di gestione comporta una serie di conseguenze. Innanzitutto diventa necessario tenere sotto controllo il momento del passaggio da una diapositiva all'altra. Supponendo che non siano presenti animazioni, per passare da una diapositiva alla successiva è possibile fare clic con il mouse oppure premere la barra spaziatrice o il tasto →. Nella stessa situazione, per tornare alla diapositiva precedente si può premere il tasto ←.

Nel caso in cui siano presenti uno o più effetti di animazione, però, le stesse azioni consentono di passare all'animazione successiva e, solo quando le animazioni sono terminate, alla diapositiva seguente. Per risolvere il problema anche in presenza di effetti speciali, si può muovere il mouse sulla scrivania per far apparire un gruppo di sei icone nell'angolo in basso a sinistra (Figura 8.3).

Le prime due icone, con le frecce rivolte a sinistra e a destra, consentono di spostarsi da una diapositiva alla precedente o alla successiva. La terza icona, dalla forma di una penna, permette di evidenziare alcuni punti sulla diapositiva, mentre la quarta consente di visualizzare temporaneamente la sequenza di diapositive della presentazione. La quinta icona consente di eseguire lo zoom, mentre la sesta apre un menu di gestione della presentazione (Figura 8.4).

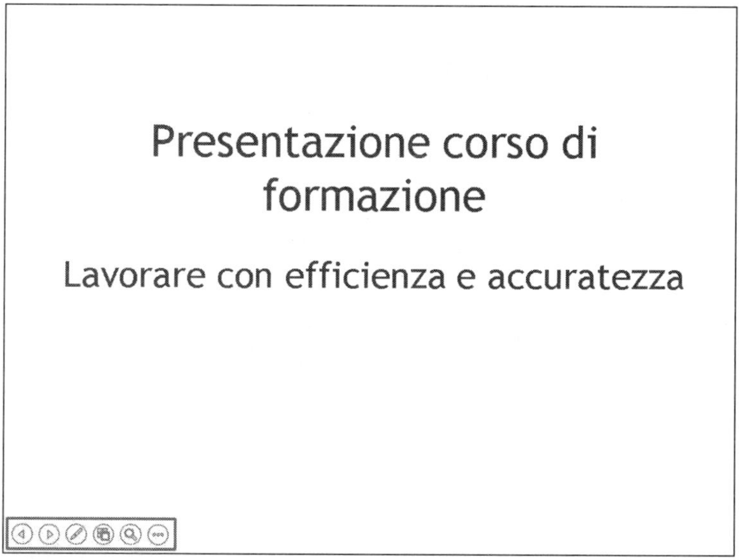

Figura 8.3 Una presentazione riprodotta a schermo intero.

Figura 8.4 Il menu di gestione della presentazione.

Nelle versioni precedenti di PowerPoint, per andare direttamente da una diapositiva all'altra era sufficiente fare clic sull'icona *Menu* e poi sulla voce *Vai a diapositiva*. Nella versione 2016, invece, occorre fare clic sul quarto pulsante oppure selezionare *Visualizza tutte le diapositive* dal menu (che oltre che con il pulsante relativo può essere visualizzato facendo clic con il tasto destro del mouse sulla slide). Viene così attivata una schermata dove sono mostrate tutte le diapositive in sequenza (Figura 8.5) e dove è sufficiente fare clic su una diapositiva per mostrarla subito a schermo intero.

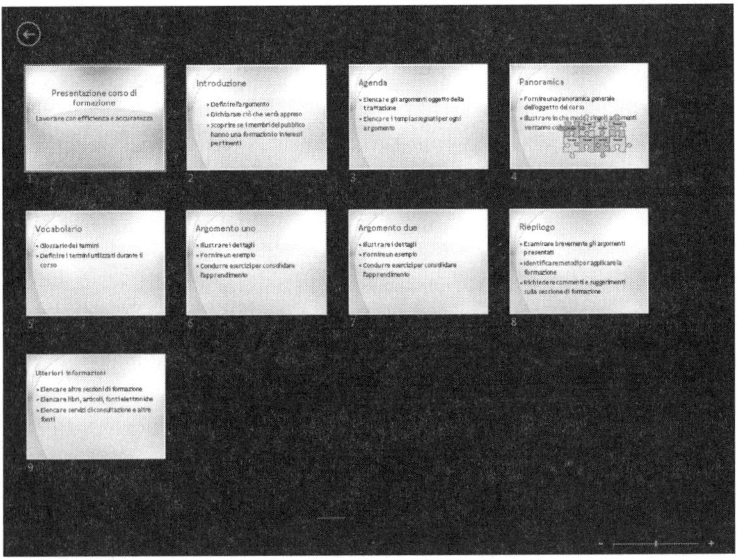

Figura 8.5 La sequenza di diapositive della presentazione.

Strumenti per il relatore

A chi illustra i contenuti di una presentazione al pubblico tornano utili le funzioni per indicare o per mettere in evidenza uno specifico elemento della diapositiva che si sta visualizzando. Questi strumenti possono essere richiamati facendo clic sull'icona con la penna oppure selezionando *Opzioni puntatore* dal menu (Figura 8.6).

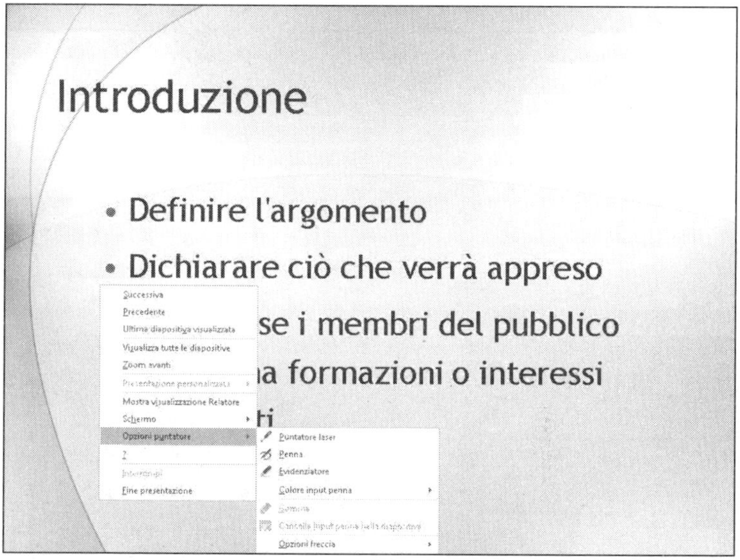

Figura 8.6 Le opzioni per gli strumenti di evidenziazione.

Puntatore laser consente di mostrare sulla diapositiva l'equivalente di un puntino laser che si muove sulla superficie della diapositiva. *Penna* attiva uno strumento con cui disegnare sulla diapositiva, mentre *Evidenziatore* permette di creare lo stesso effetto che si avrebbe passando un evidenziatore.

Per gli strumenti *Penna* ed *Evidenziatore* è anche possibile scegliere il colore dal sottomenu *Colore input penna*.

Se si desidera, si può attivare *Gomma* per cancellare delle marcature specifiche, oppure *Cancella input penna nella diapositiva* per ripristinare lo stato originale della diapositiva.

Visualizzazione Relatore

Selezionando *Mostra visualizzazione Relatore* dal menu di presentazione si attiva una visualizzazione particolarmente utile per chi sta tenendo la presentazione (Figura 8.7).

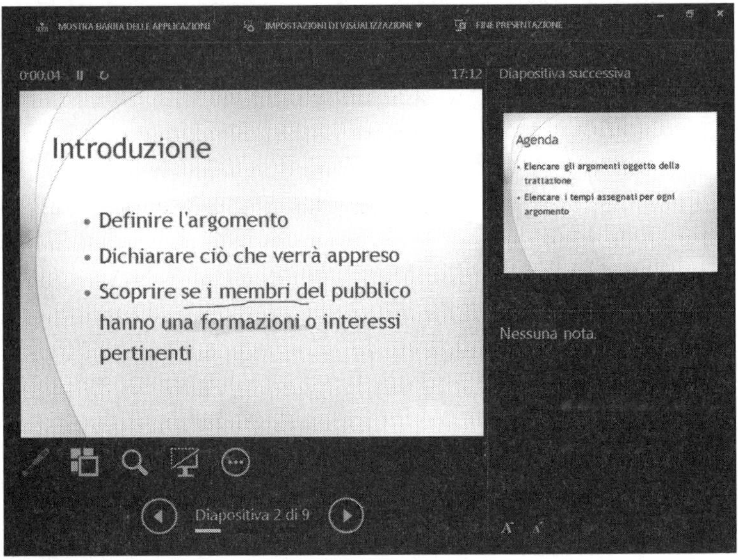

Figura 8.7 La visualizzazione Relatore.

Questa visualizzazione è adatta soprattutto quando la presentazione viene riprodotta da un proiettore e comandata da un personal computer. Il pubblico vedrà la presentazione vera e propria sullo schermo del proiettore, mentre il relatore al PC potrà usufruire degli strumenti di questa comoda modalità.

Questa visualizzazione mostra in primo piano la diapositiva attiva, con gli strumenti che sono già stati visti in precedenza. In più, però permette al relatore di tenere traccia del tempo trascorso dall'inizio della presentazione, di valutare a che punto è arrivato (*Diapositiva x di y*) e soprattutto di vedere a colpo d'occhio l'argomento della diapositiva successiva e le eventuali note associate alla slide attualmente visualizzata.

Presentazione online

Con PowerPoint 2016 una presentazione può essere trasmessa anche via Internet. Qualsiasi utente che conosca l'URL (*Uniform Resource Lo-*

cator) al quale collegarsi può vedere la riproduzione della sequenza di diapositive tramite un normale browser, come Internet Explorer.

L'URL è l'indirizzo da inserire nella barra dell'indirizzo del browser per raggiungere una determinata risorsa sul Web.

La trasmissione viene avviata con questa procedura.

1. Fare clic sulla scheda *Presentazione.*
2. Fare clic sul pulsante *Presenta online* nel gruppo *Avvia presentazione* (Figura 8.8).

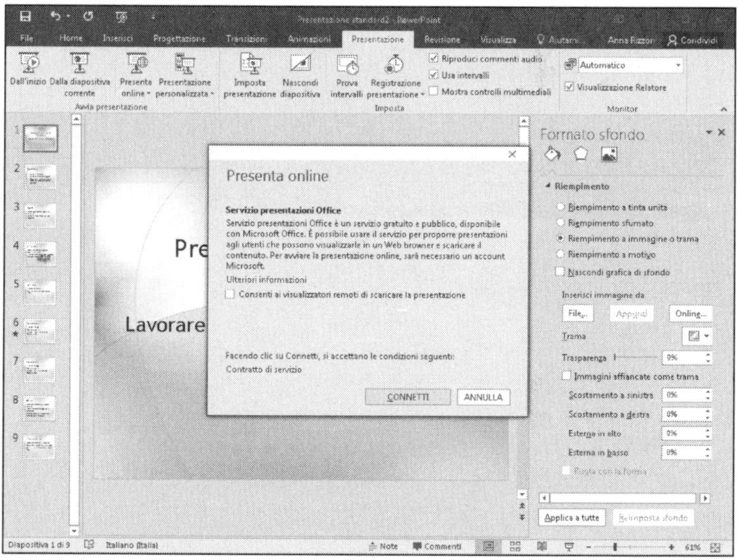

Figura 8.8 L'avvio di una presentazione online.

La finestra *Presenta online* permette di connettersi a un servizio Microsoft gratuito e disponibile a tutti. La presentazione potrà così essere visualizzata da tutti gli utenti che conoscono l'indirizzo necessario; inoltre, selezionando la casella di controllo, è possibile permettere ai destinatari anche di salvare la destinazione nel loro computer.

L'informativa nella finestra avvisa che alcuni utenti potrebbero non riuscire a visualizzare la presentazione se i contenuti multimediali sono di grandi dimensioni oppure sono in formati non supportati dal browser utilizzato.

Facendo clic su *Connetti* ci si collega al Servizio presentazioni Office di Microsoft. La finestra mostra l'avanzamento della preparazione della trasmissione in percentuale. Se lo desidera, l'utente può fermare l'operazione facendo clic su *Annulla*.

Al termine, nella stessa finestra appare l'URL al quale devono collegarsi i destinatari per vedere la presentazione (Figura 8.9).

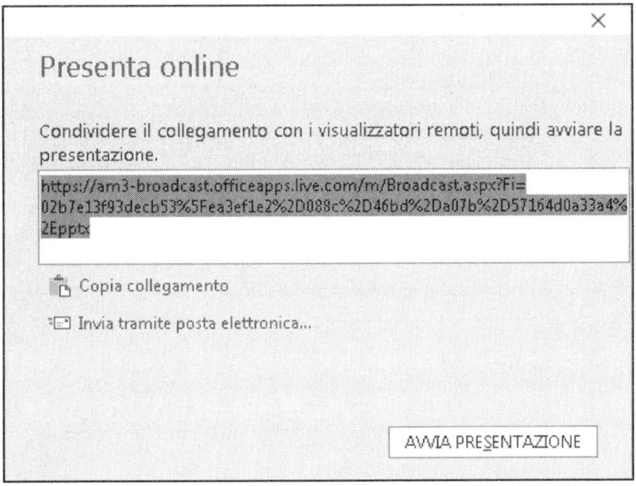

Figura 8.9 L'URL a cui sarà visualizzabile la presentazione.

Facendo clic su *Copia collegamento* si può trasferire l'URL negli Appunti di Windows e incollarlo dove si desidera; in alternativa, si può fare clic su *Invia tramite posta elettronica* per aprire automaticamente, nel programma di posta elettronica predefinito del sistema operativo, un messaggio contenente l'URL da inviare a uno o più destinatari.

Chi riceve l'URL può copiarlo e incollarlo nella casella dell'indirizzo del browser per visitare la pagina in attesa che venga avviata la presentazione (Figura 8.10).

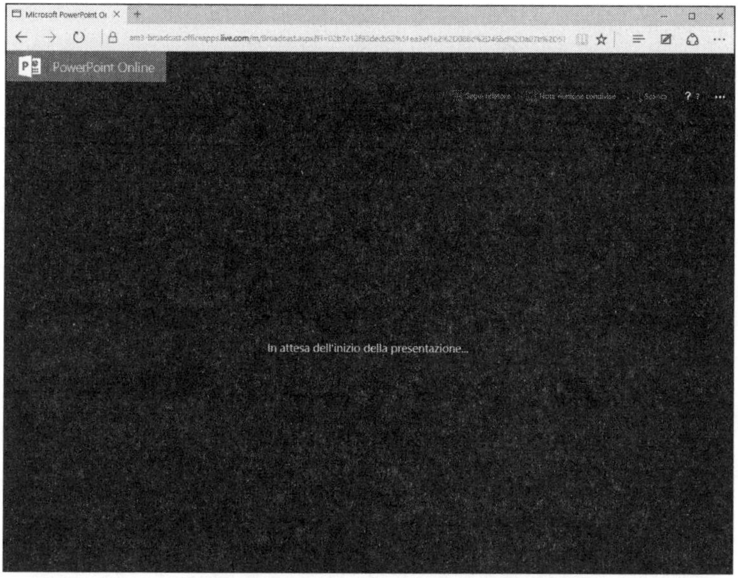

Figura 8.10 Il browser collegato all'URL della presentazione.

Perché i destinatari possano visualizzare le diapositive nel proprio browser, è necessario che il relatore avvii la presentazione facendo clic su *Avvia presentazione*. Da questo momento in poi, ogni diapositiva visualizzata sullo schermo dell'autore apparirà anche nella finestra del browser di chi si è collegato all'URL.

Presentazioni personalizzate

Una funzione utile a chi deve mostrare una presentazione a un gruppo di persone è *Presentazione personalizzata*. Il pulsante è nella scheda *Presentazione* della barra multifunzione e serve per selezionare solo alcune diapositive di una sequenza molto lunga già creata.

Non sempre è necessario visualizzare tutte le diapositive. Il pubblico potrebbe essere già a conoscenza di alcuni argomenti oppure potrebbe esserci poco a disposizione.

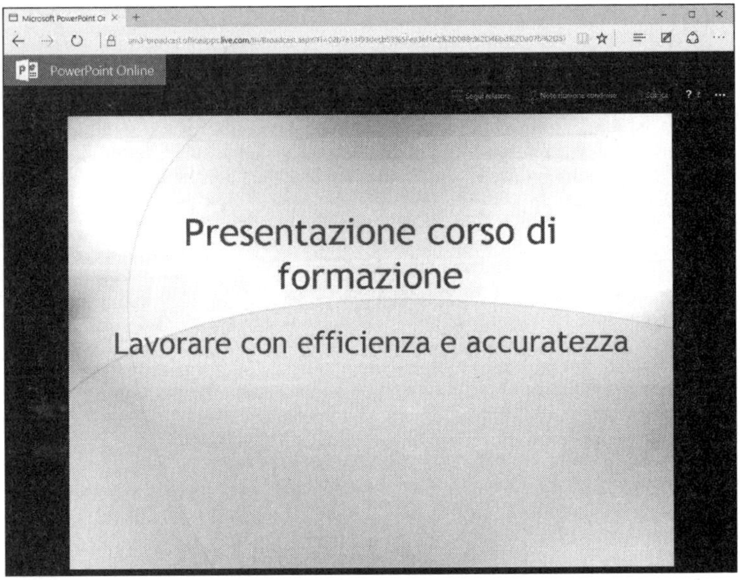

Figura 8.11 La presentazione nel browser ricevuta tramite Internet.

Chi sa di poter scegliere solo alcune delle diapositive preparate può attivare *Presentazione personalizzata* e creare una presentazione più breve facendo clic su *Presentazioni personalizzate* e quindi sul pulsante *Nuova*. Viene così aperta una finestra con due riquadri (Figura 8.12).

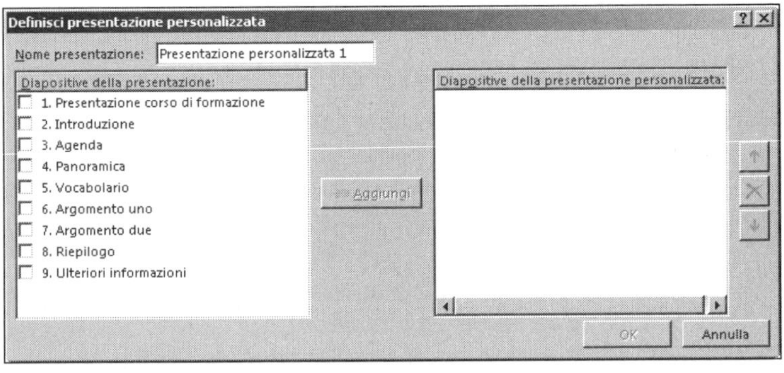

Figura 8.12 La creazione di una presentazione personalizzata.

Nel riquadro di sinistra sono elencate tutte le diapositive della presentazione corrente. L'utente deve selezionare la casella di controllo delle diapositive che desidera utilizzare per creare una nuova sequenza e portarle nel riquadro a destra facendo clic sul pulsante *Aggiungi*.

L'ordine finale delle diapositive trasferite a destra può essere modificato liberamente selezionando le righe da spostare e poi facendo clic sui pulsanti con le frecce.

Nel caso di qualche ripensamento, per togliere una diapositiva dal riquadro di destra è sufficiente selezionarla e fare clic sul pulsante *Rimuovi* posto tra le due frecce.

Presentazioni automatiche

Finora sono state prese in esame le presentazioni in cui un relatore effettua un'esposizione a un pubblico sul posto o comunque connesso in tempo reale tramite Internet. PowerPoint 2016 permette tuttavia anche di creare presentazioni da riprodurre automaticamente, senza che occorra la presenza di un relatore o di una persona che gestisca l'avanzamento delle diapositive.

Nella scheda *Presentazione* della barra multifunzione è disponibile il pulsante *Imposta presentazione*, che consente di aprire la finestra di dialogo omonima (Figura 8.13).

Nel riquadro *Tipo presentazione*, l'impostazione predefinita è *Con relatore (schermo intero)*: è il tipo di presentazione visto finora, in cui è il relatore a gestire le tempistiche e l'avanzamento delle diapositive. Nello stesso riquadro è anche possibile scegliere *Scorrimento individuale (finestra)*, che consente di riprodurre la presentazione in una finestra lasciando al destinatario il compito di avanzare tra le diapositive, oppure *Presentazione continua (schermo intero)*, che permette di riprodurre automaticamente e a ciclo continuo la presentazione.

Quando non è disponibile un relatore, spesso si ricorre a una funzionalità di PowerPoint che fa avanzare automaticamente le diapositive secondo le tempistiche scelte dall'autore; inoltre, la configurazione di tali tempistiche può essere abbinata alla registrazione di un commento audio, affinché anche una presentazione trasmessa in automatico possa risultare pienamente comprensibile ai suoi destinatari.

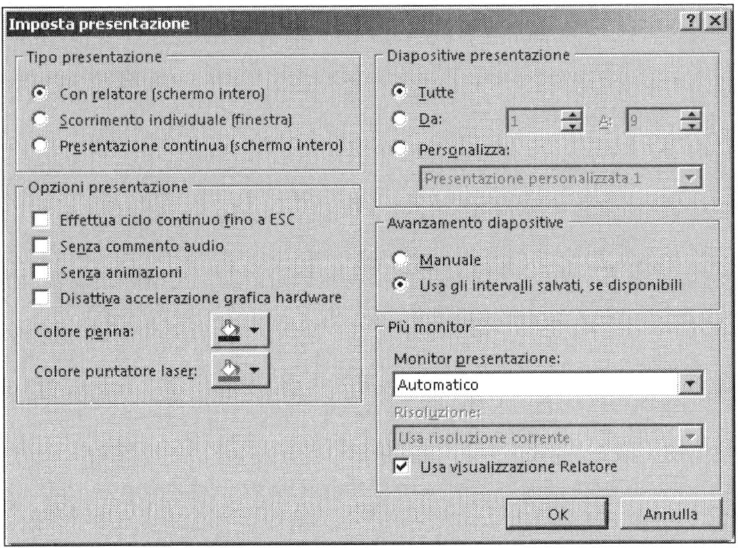

Figura 8.13 Le impostazioni di una presentazione.

Per stabilire i tempi di visualizzazione di ogni diapositiva (che in PowerPoint sono chiamati *intervalli*), è sufficiente fare clic sul pulsante *Registrazione presentazione* nella scheda *Presentazione* e scegliere *Inizia registrazione dall'inizio*. Viene così visualizzata la finestra *Registra presentazione* (Figura 8.14), che consente di scegliere se registrare solamente gli intervalli o anche il commento audio (ed eventualmente l'uso del puntatore laser o degli altri strumenti del relatore).

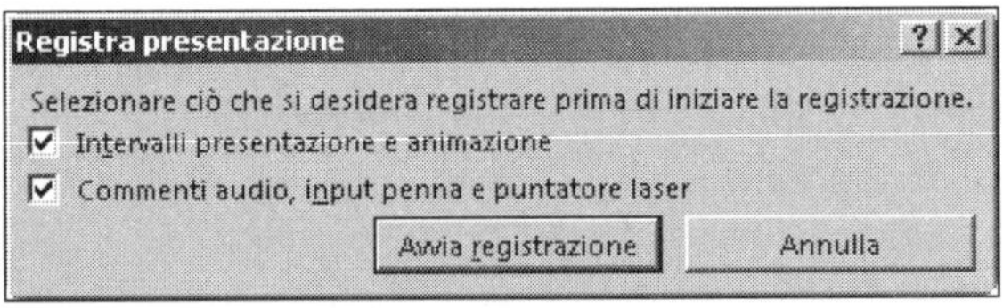

Figura 8.14 La finestra di registrazione.

Compiuta la scelta, si può fare clic su *Avvia registrazione* e fingere di tenere la presentazione davanti a un pubblico, per esempio leggendo il contenuto delle diapositive in modo da stabilire il tempo di visualizzazione adeguato per ogni diapositiva. Chiaramente, se si è scelto di registrare anche il commento audio e se al PC è collegato un microfono, si può tenere una vera e propria presentazione professionale, associando a ogni diapositiva il commento desiderato.

Dopo aver eseguito la registrazione per l'intera presentazione, spostandosi da una diapositiva all'altra con un clic o con la barra spaziatrice, si ritorna alla visualizzazione *Normale* di PowerPoint. Per verificare i tempi assegnati a ogni diapositiva è sufficiente spostarsi nella visualizzazione *Sequenza diapositive*, dove la durata di ogni diapositiva è mostrata sotto la miniatura (Figura 8.15).

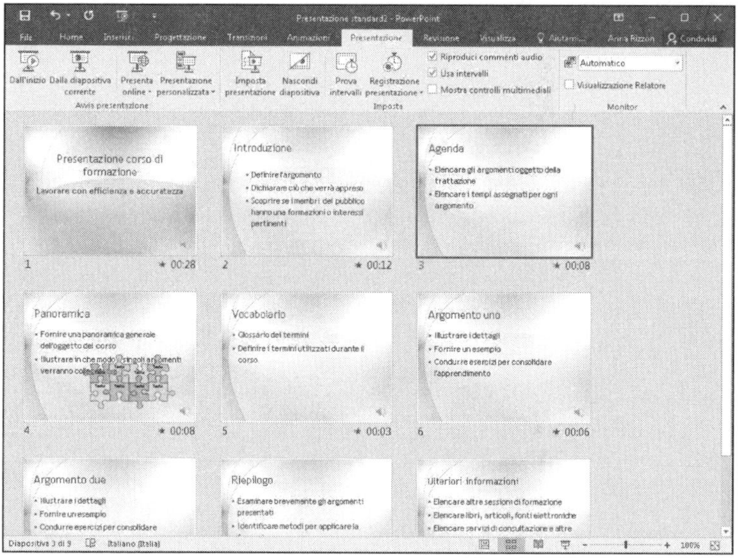

Figura 8.15 Le diapositive con le tempistiche a loro associate.

Esportazione della presentazione automatica

Nulla vieta di riprodurre una presentazione automatica su un PC o su un proiettore; tuttavia, se una presentazione ha tutte le caratteristiche per essere riprodotta automaticamente, senza necessitare di un relatore, è possibile trasformarla in un video.

A tal fine, è sufficiente fare clic sulla scheda *File* della barra multifunzione e selezionare *Esporta* > *Crea video* (Figura 8.16).

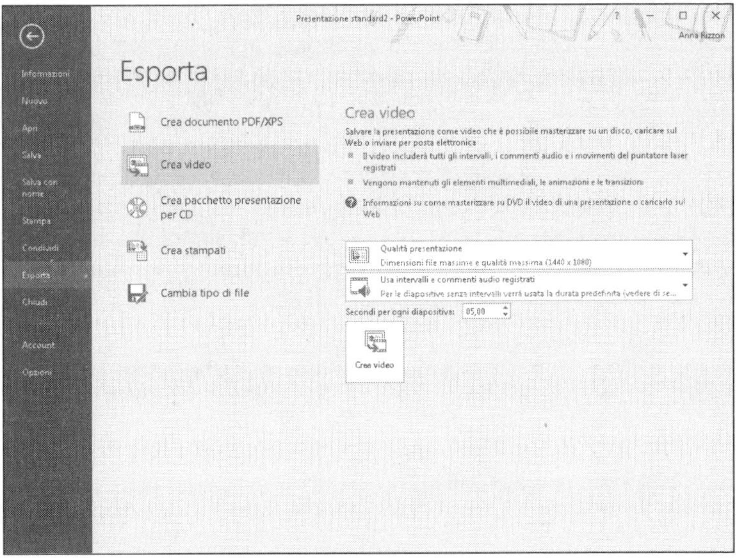

Figura 8.16 Le impostazioni per la creazione di un video.

Innanzitutto, si deve scegliere la qualità del video, tenendo presente che a una qualità superiore corrispondono anche dimensioni maggiori del file (che, qualora il file venga trasmesso in rete, corrispondono anche a tempi di download più lunghi). Un buon compromesso consiste nel selezionare *Qualità Internet* dal primo elenco a discesa; se invece le dimensioni non rappresentano un problema, è possibile lasciare selezionata l'opzione *Qualità presentazione*.

Se sono stati registrati gli intervalli, nel secondo elenco a discesa è necessario mantenere selezionata l'opzione *Usa intervalli e commenti audio registrati*. In questo modo il video mostrerà la presentazione con le tempistiche scelte dall'autore e con i suoi commenti audio. Se invece gli intervalli non sono stati registrati, selezionare *Non utilizzare intervalli e commenti audio registrati* e specificare la durata di ogni diapositiva nella casella *Secondi per ogni diapositiva*.

Al termine, è sufficiente fare clic sul pulsante *Crea video* e scegliere la posizione in cui salvare il file video risultante, che potrà poi essere caricato sul Web o trasmesso tramite posta elettronica.

Capitolo 9

Stampa e condivisione

Sebbene PowerPoint sia un'applicazione destinata prevalentemente alla creazione di materiale da mostrare a video, dispone di numerose funzioni che permettono al relatore di stampare una copia della presentazione, magari per studiarla prima di proporla al pubblico o anche da consultare durante l'esposizione.

Organizzazione della stampa

Per stampare una presentazione e il suo materiale occorre selezionare *File > Stampa* dopo aver aperto la presentazione desiderata in PowerPoint (Figura 9.1).

Come in tutti i programmi, può essere sufficiente fare clic sul pulsante *Stampa* per ottenere la produzione di una serie di fogli sulla stampante predefinita.

Prima di confermare l'invio delle diapositive al dispositivo di stampa, conviene dare un'occhiata sulla destra per visualizzare l'anteprima delle pagine che verranno inviate alla stampante.

Tuttavia, è sempre preferibile configurate le opzioni di stampa. Per prima cosa, è possibile impostare il numero di copie da produrre specificandolo nella casella di scorrimento *Copie*. Il valore predefinito è *1*.

Un altro parametro da gestire è la stampante da utilizzare. Potrebbero infatti essere disponibili più apparecchi, per esempio una stampante a getto d'inchiostro a colori, una laser in bianco e nero o una stampante professionale collegata tramite la rete locale. Pertanto, prima di confermare l'invio alla stampante, occorre scegliere il dispositivo di destinazione nell'elenco a discesa *Stampante*.

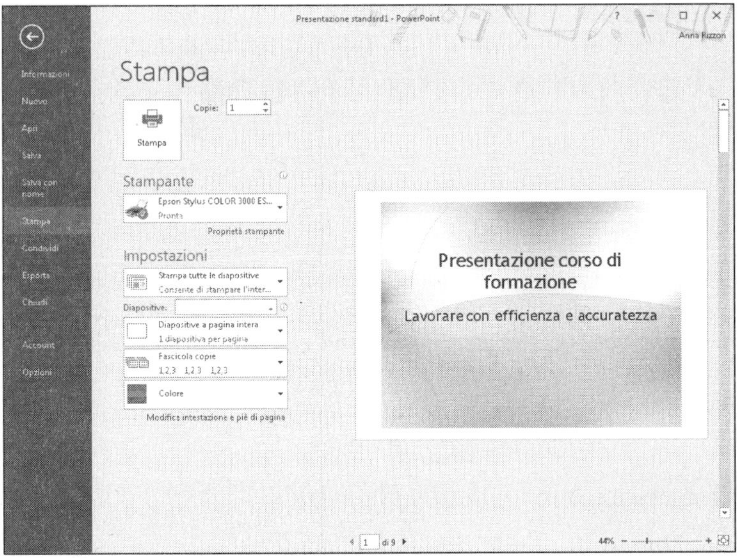

Figura 9.1 Le opzioni di stampa di PowerPoint.

L'elenco *Stampa tutte le diapositive* permette di cambiare la scelta per stampare, in alternativa, solo le diapositive selezionate nella presentazione, solo la diapositiva corrente, oppure un "intervallo" personalizzato di diapositive impostato dall'utente (per esempio, "2,5,7-10" significa diapositiva 2, diapositiva 5 e diapositive da 7 fino a 10 comprese). L'intervallo va inserito nella casella *Diapositive* sotto l'elenco a discesa.

Altre opzioni disponibili dipendono dal tipo di stampante scelta e dalle sue funzionalità. Per esempio, potrebbero essere disponibili scelte come le seguenti.

- Fascicolare i fogli nel caso di più copie.
- Stampare a colori, in scala di grigio o in bianco e nero.
- Stampare solo su un lato o su entrambe le facciate del foglio.

La scelta più importante da fare è tuttavia decidere che cosa stampare.

Cosa stampare

Di un documento di testo si stampano uno o più fogli. In una presentazione, i "fogli" sono le diapositive, ma non sono l'unico tipo di contenuto da stampare. Per visualizzare l'elenco dei tipi di stampe possibili, fare clic sull'elenco a discesa sotto la scritta *Diapositive* (Figura 9.2).

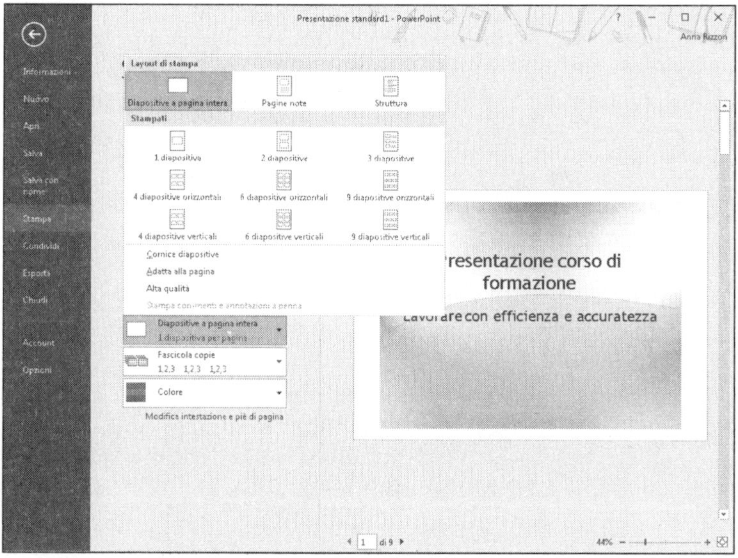

Figura 9.2 Le opzioni per stabilire che cosa stampare.

Nel menu a discesa le opzioni sono raccolte sotto le voci *Layout di stampa* e *Stampati*.

Nel primo gruppo si può scegliere tra:

- *Diapositive a pagina intera*
- *Pagine note*
- *Struttura*

Le *pagine note* sono organizzate in due parti: in alto la diapositiva e in basso le annotazioni che sono state inserite nella fase di creazione della presentazione. Questo tipo di stampa può essere utile al relatore per tenere traccia degli argomenti di cui intende parlare durante la presentazione. Nell'ambito di attività di formazione, potrebbe essere inoltre sfruttata dal docente per consegnare scritti e appunti agli studenti, legandoli ai contenuti riportati nella diapositiva.

La stampa nella modalità *Struttura*, invece, riporta l'elenco dei titoli e dei sottotitoli che appaiono nella colonna di sinistra quando si attiva la visualizzazione *Struttura*. Serve in pratica per avere una visione di insieme dell'organizzazione della presentazione.

Gli *stampati*, invece, sono documenti contenenti una o più diapositive ed eventualmente le note associate. La quantità di diapositive può essere scelta tra due, tre, quattro sei e nove, riportate in sequenza orizzontale o verticale (Figura 9.3).

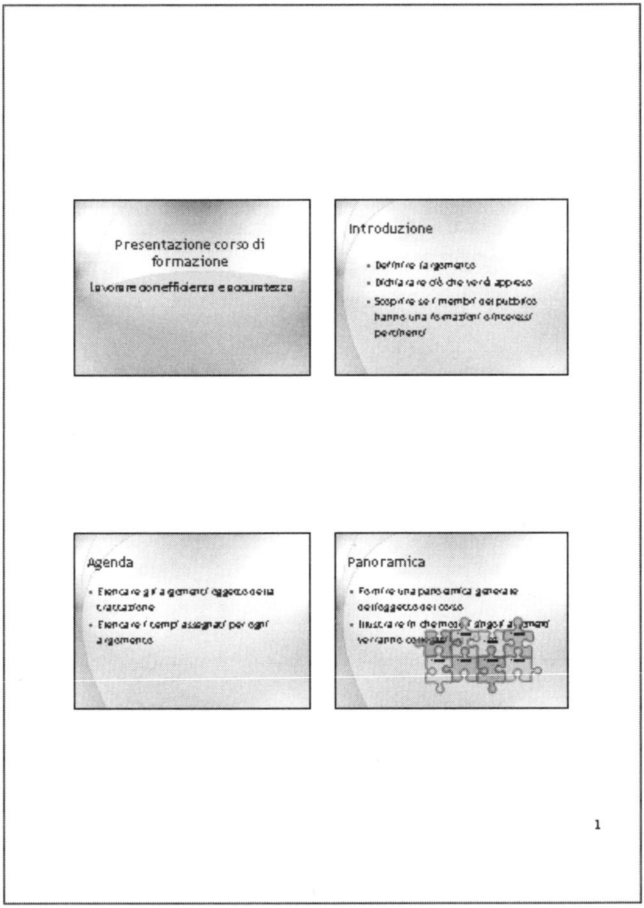

Figura 9.3 Uno stampato con quattro diapositive.

Un'impostazione che può rendere più gradevole lo stampato dal punto di vista estetico è l'aggiunta di una cornice intorno a ogni diapositiva.

Per attivarla o disattivarla, occorre fare clic sulla casella *Cornice diapositive* sotto l'elenco delle varianti di stampa.

Intestazioni e piè di pagina

Nelle pagine stampate ci sono due zone che vengono gestite da PowerPoint in modo autonomo dal contenuto: sono chiamate *intestazione* e *piè di pagina* e possono tornare molto utili per avere dei dati di riferimento verso il contesto fisico e il momento temporale nei quali avviene la presentazione.

Detto diversamente, in queste zone della diapositiva possono apparire elementi quali:

- il nome dell'organizzazione che ha realizzato la presentazione;
- la data in cui si tiene la presentazione;
- il luogo nel quale viene proposta;
- il nome e gli altri riferimenti del relatore;
- il numero della diapositiva rispetto al totale.

In PowerPoint, il termine *intestazione* si riferisce al testo posto nella prima riga in alto nella pagina note e nella pagina stampati, mentre il *piè di pagina* è posizionato nell'ultima riga in basso.

L'intestazione e il piè di pagina possono essere inseriti nelle diapositive e nelle pagine degli stampati con questa procedura.

1. Fare clic sulla scheda *Inserisci*.
2. Fare clic su *Intestazione e piè di pagina* nel riquadro *Testo*.

Nell'area di lavoro del programma appare una finestra di dialogo divisa in due schede: *Diapositiva* e *Note e stampati* (Figura 9.4).

Dopo averli inseriti, i dati contenuti nelle diverse caselle di testo vengono gestiti automaticamente dal programma nelle diapositive e negli stampati, seguendo le indicazioni dell'utente. Per aiutare l'autore della presentazione, nel momento in cui si attiva un certo campo, nella miniatura a destra il relativo spazio viene annerito, a confermare che è diventato attivo.

Nella scheda *Note e stampati*, i campi disponibili sono quelli descritti di seguito.

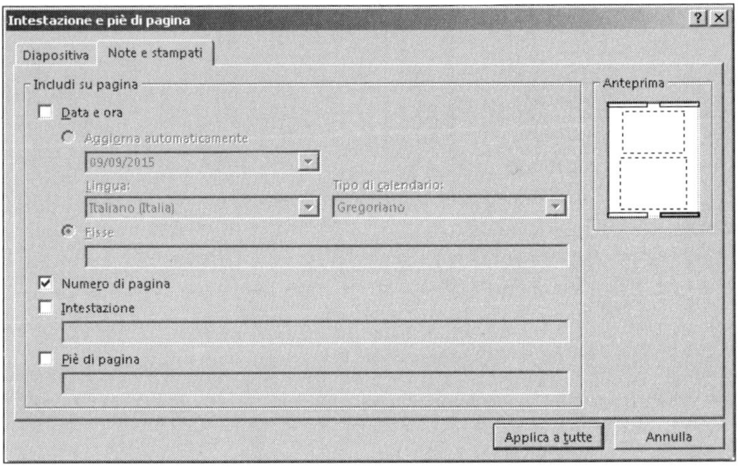

Figura 9.4 La finestra di gestione per intestazioni e piè di pagina.

- *Data e ora*: consente di inserire una data e un'ora. È possibile generare i valori automaticamente a ogni salvataggio, oppure inserire un valore fisso, che rimane sempre uguale.
- *Numero di pagina*: consente di inserire in ogni pagina stampata il numero di pagina relativo.
- *Intestazione*: consente di inserire un testo che viene visualizzato nell'intestazione di ogni pagina stampata.
- *Piè di pagina*: come l'intestazione, ma viene visualizzato nella parte inferiore della pagina.

Condivisione della presentazione

Mostrare la presentazione a un gruppo di persone proiettandola su uno schermo non è l'unico modo per farla conoscere ad altre persone. Nelle voci della pagina che si apre selezionando *File* > *Condividi* sono disponibili diversi altri strumenti che si possono utilizzare a questo scopo (Figura 9.5).

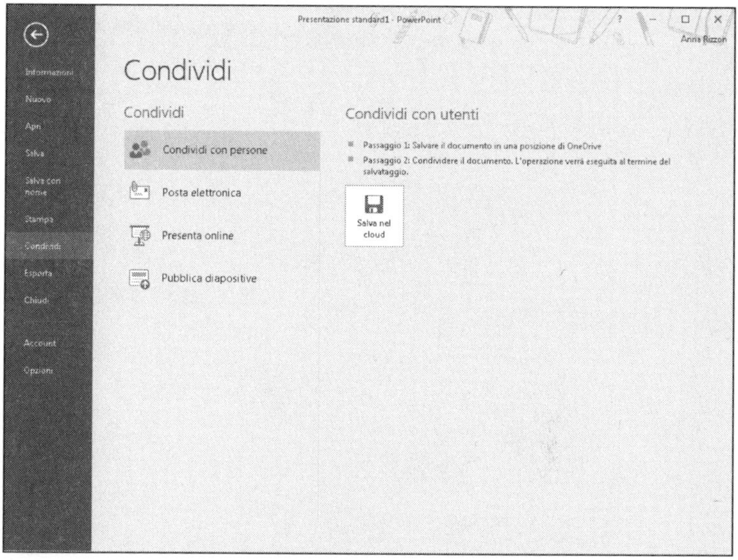

Figura 9.5 Gli strumenti di condivisione.

Condivisione con altri utenti

Il file di una presentazione PowerPoint 2016 può essere condiviso sul disco locale di un computer per accedervi in rete o salvato in un disco virtuale reso disponibile in Internet da appositi fornitori. Uno di essi è il servizio OneDrive di Microsoft, che rende disponibile un certo spazio di archiviazione gratuitamente con ogni abbonamento a Office 365.

Nella pagina *Condividi*, facendo clic su *Condividi con persone* appare il pulsante *Salva nel cloud*, con il quale è possibile salvare la presentazione in un file memorizzato in OneDrive. Dopo il salvataggio, il servizio permette di condividere quel file con chi si desidera grazie al pulsante *Condividi con utenti*. Selezionandolo, viene aperto un riquadro attività direttamente accanto alla presentazione, dove si possono specificare gli utenti da invitare (Figura 9.6).

Nel caso in cui il file di una presentazione venisse modificato da uno degli utenti che lo condividono, aprendolo gli altri vedrebbero direttamente la versione aggiornata.

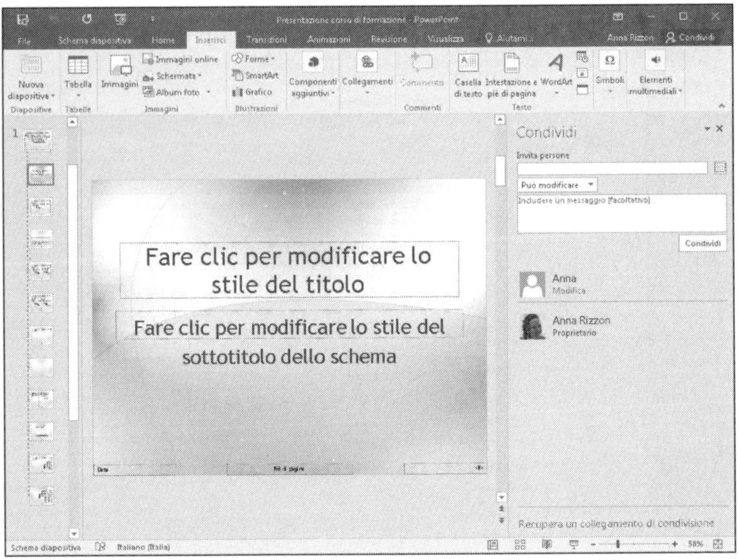

Figura 9.6 La condivisione di un file di presentazione con altri utenti.

Presentazioni e posta elettronica

Facendo clic su *Posta elettronica* nella pagina *Condividi*, a destra appaiono una serie di pulsanti tra cui scegliere la modalità effettiva con la quale si intende inviare la presentazione a uno o più destinatari (Figura 9.7).

Il primo in alto è *Invia come allegato*, che consente di inviare il file della presentazione come allegato di un messaggio e-mail. Viene quindi avviato il programma di posta elettronica predefinito del sistema operativo, con un messaggio in cui l'utente deve solamente inserire gli indirizzi di uno o più destinatari.

Il pulsante *Invia collegamento* è attivo solamente quando il file con il quale si sta lavorando è stato condiviso in Rete. Lo scopo è inviare solo il collegamento al file per informare i destinatari della sua esistenza. Gli utenti, in questo modo, lavorano direttamente sulla stessa copia della presentazione, aggiornandola in tempo reale a favore di tutti.

Con *Invia come PDF* e *Invia come XPS*, PowerPoint prima converte la presentazione nel formato scelto, poi la allega a un messaggio di posta elettronica.

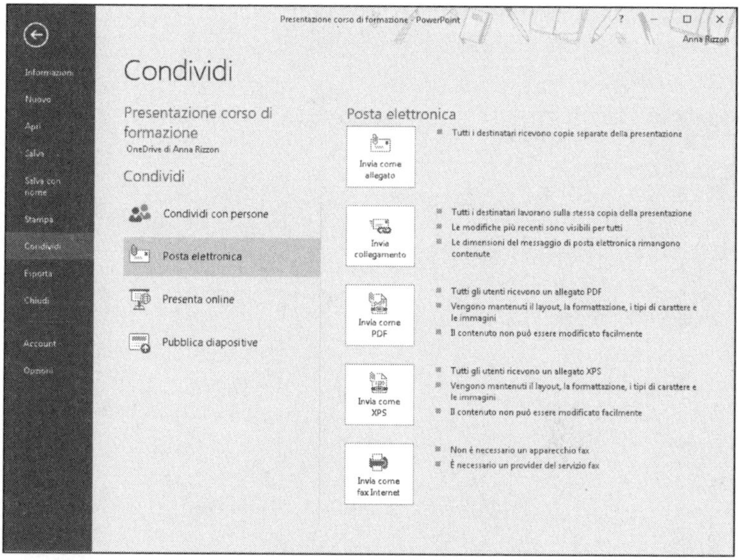

Figura 9.7 Le opzioni di condivisione tramite posta elettronica.

Facendo clic su *Invia come fax Internet*, infine, si chiede di trasmettere la presentazione come serie di pagine inviate all'apparecchio fax di un destinatario. Il documento viene trasferito a un fornitore di servizi che lo riceve, ne converte le pagine nel formato fax e le inoltra al numero di telefono del destinatario fornito da chi invia.

Per utilizzare la funzione di invio come fax Internet, è necessario essere registrati presso un fornitore che offre questo tipo di servizio.

Presentazioni e Web

La possibilità di salvare una presentazione sul Web è stata vista in precedenza in questo capitolo, mentre nel capitolo precedente si è visto come tenere una presentazione online.

Resta quindi da esaminare la pubblicazione di una presentazione, ovvero il suo trasferimento in una posizione condivisa quale un sito di SharePoint. Per pubblicare la presentazione è sufficiente fare clic su

Pubblica diapositive nella pagina *Condividi* e quindi fare clic sull'omonimo pulsante che appare a destra (Figura 9.8).

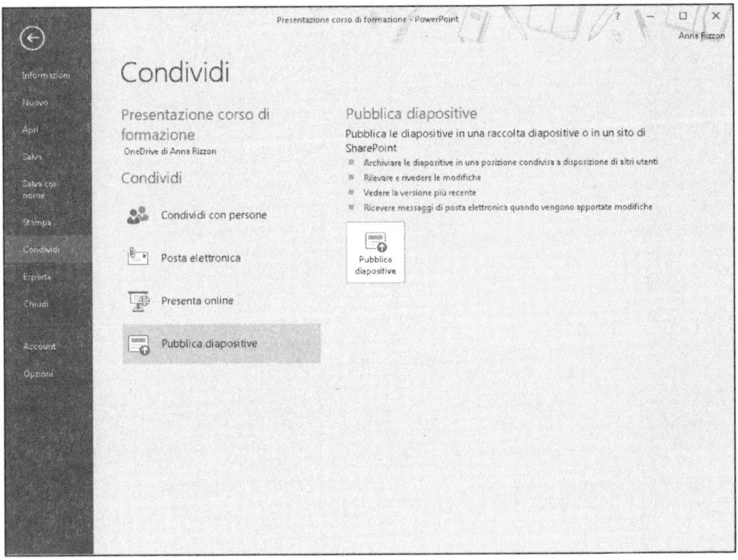

Figura 9.8 Le opzioni di pubblicazione.

A questo punto si apre una finestra nella quale scegliere quali diapositive pubblicare selezionando la relativa casella di controllo (per selezionarle tutte è anche possibile fare clic su *Seleziona tutto*). A seguire, scegliere la cartella di destinazione, locale o in rete, e fare clic su *Pubblica* (Figura 9.9).

Condivisione di file in vari formati

Ogni file sul computer ha un *formato*, che è l'insieme delle regole utilizzate per ricreare i vari tipi di contenuti presenti nel documento ognuno con le proprie caratteristiche.

Un file in formato PowerPoint può essere perciò utilizzato dagli utenti che dispongono sui loro computer di PowerPoint o di un altro programma di presentazione compatibile.

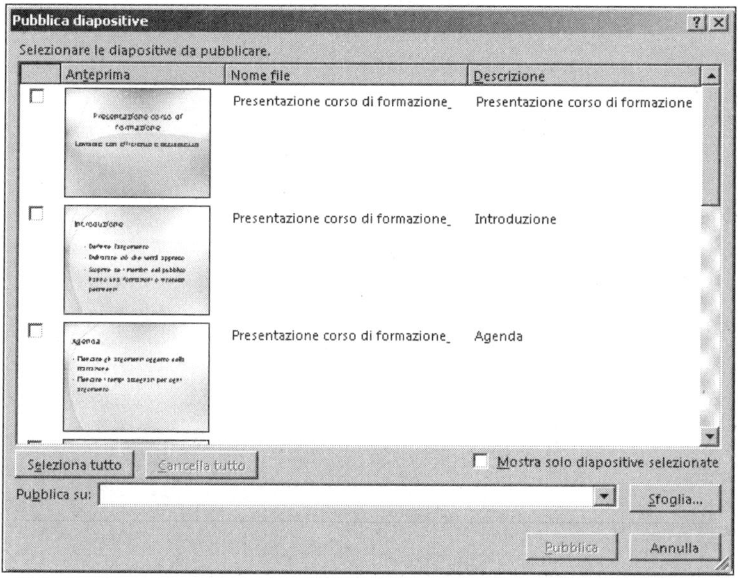

Figura 9.9 La scelta delle diapositive da pubblicare.

Il formato di file in PowerPoint viene scelto dalla pagina che si apre selezionando *File > Salva con nome > Sfoglia*. Nella casella *Salva come* sono elencati tutti i tipi di formati gestiti da PowerPoint 2016, tra i quali l'utente può scegliere quello che gli interessa in quel momento.

L'elenco, però, è piuttosto lungo e complesso. Ecco perché le stesse scelte possono essere effettuate dalla sezione *Esporta* della pagina *Informazioni*, dove la gestione dei formati di file è suddivisa per "argomento" (Figura 9.10).

L'ultima opzione, *Cambia tipo di file*, è la più generica: selezionandola, a destra viene mostrata una serie di formati accanto ai quali è presente anche una piccola descrizione funzionale. Nell'elenco appaiono i formati di file più diffusi, dei quali i primi rappresentano tipi di presentazioni, mentre i successivi tipi di immagini (Figura 9.11).

Nell'elenco seguente sono riportati i formati disponibili con una breve descrizione della tipologia di file gestito.

- *Presentazione*: presentazioni PowerPoint nello standard aperto OOXML.

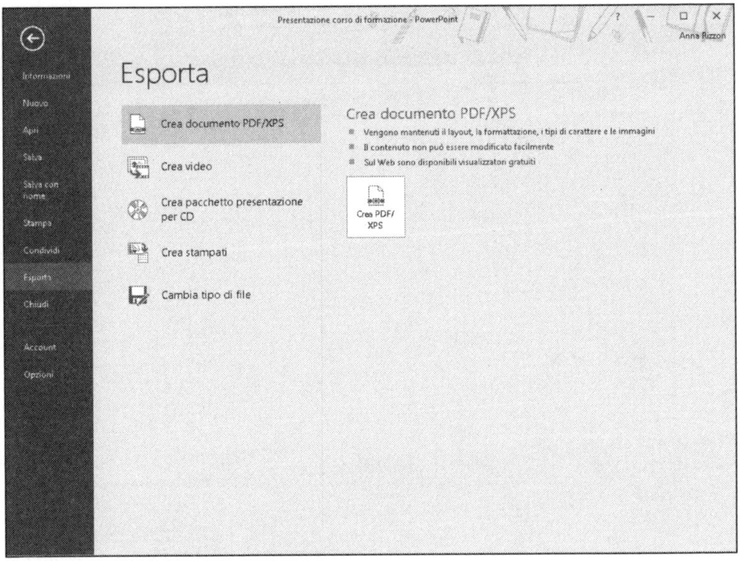

Figura 9.10 Le opzioni di esportazione.

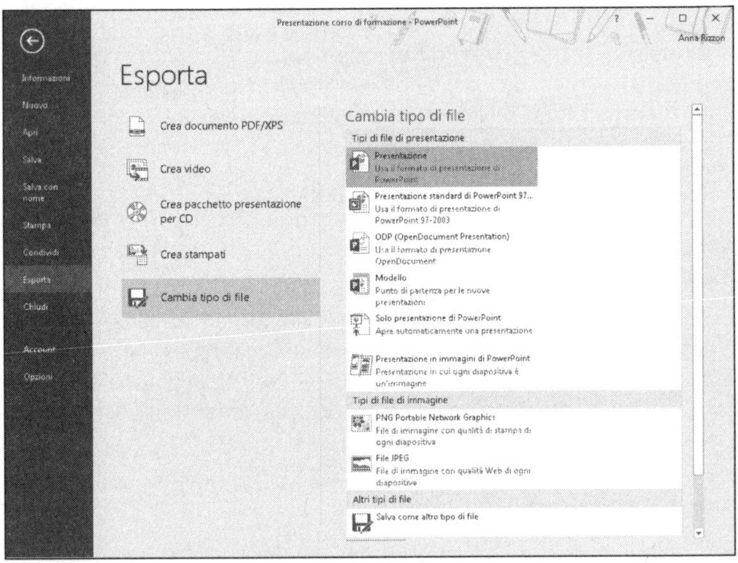

Figura 9.11 I formati di file generici.

- *Presentazione standard di PowerPoint 97-2003*: presentazioni PowerPoint nello standard proprietario Microsoft utilizzato fino alla versione 2003 di Office.
- *ODP (OpenDocument Presentation)*: presentazioni nello standard aperto ODT.
- *Modello*: modello di presentazione di PowerPoint.
- *Solo presentazione di PowerPoint*: file di presentazione eseguito automaticamente, anche se PowerPoint non è installato.
- *Presentazione in immagini di PowerPoint*: presentazione nella quale ogni diapositiva è un'immagine (e quindi il suo contenuto non è modificabile).

Per i tipi di file di immagine sono disponibili le seguenti opzioni.

- *PNG (Portable Networks Graphic)*: per immagini di alta qualità che supportano anche la trasparenza.
- *File JPEG*: per immagini di qualità standard, utilizzabili anche per la pubblicazione su Internet perché meno impegnative in termini di spazio occupato.

Selezionando la voce in fondo a tutte le altre, *Salva come altro tipo di file*, chi ne avesse necessità può scegliere tra altri formati ancora.

Documenti PDF e XPS

Per completare la panoramica dei tipi di formati gestiti da PowerPoint 2016 occorre citare PDF (*Portable Document Format*) e XPS. Sono formati utilizzati per realizzare documenti il cui aspetto rispecchia quello originale stabilito dall'autore, ma senza dare la possibilità di intervenire con modifiche da parte dell'utente.

L'estensione `.pdf` *si riferisce al diffuso formato creato da Adobe, che viene aperto con programmi di lettura gratuiti. Il formato dei file XPS è stato invece creato da Microsoft con le stesse finalità dei PDF.*

Per convertire la presentazione in uno dei due formati è necessario seguire questa procedura.

1. Fare clic su *File*.
2. Selezionare *Esporta* nel riquadro a sinistra.

3. Fare clic su *Crea documento PDF/XLS* nella colonna di comandi sotto a *Esporta*.
4. Fare clic sul pulsante *Crea PDF/XLS*.
5. Assegnare un nome al file e scegliere il formato *PDF* o *Documento XPS* dall'elenco a discesa *Salva come* (Figura 9.12).
6. Scegliere la qualità da utilizzare per la creazione del file tra *Standard* e *Dimensioni minime*.
7. Fare clic su *Pubblica*.

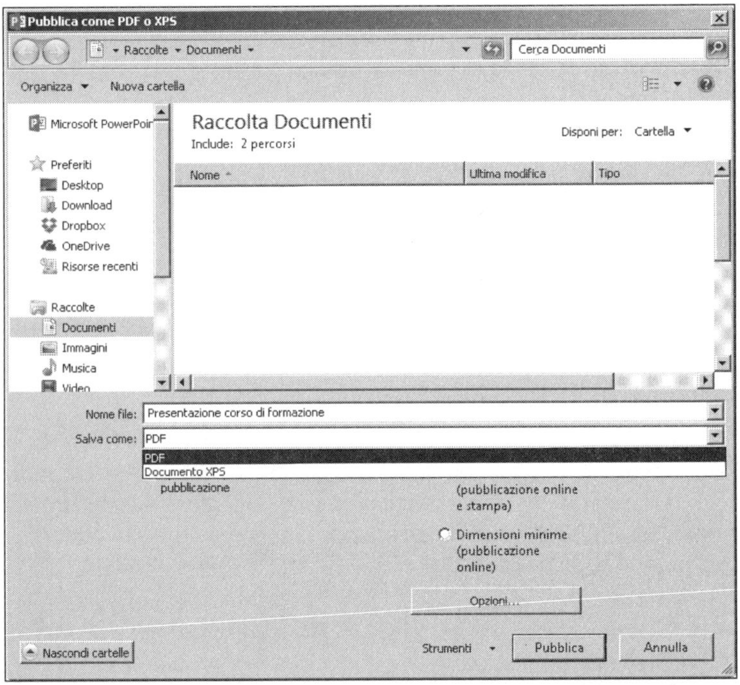

Figura 9.12 La scelta del formato di file.

Con la qualità Standard *il documento generato garantisce buoni risultati sia online sia in stampa; selezionando* Dimensioni minime, *invece, il file presenta dimensioni del file più contenute, ma è adatto solamente per la pubblicazione online (non per la stampa.*

Prima di confermare si può fare clic sul pulsante *Opzioni* per aprire una finestra di dialogo nella quale impostare eventuali varianti del file da salvare (Figura 9.13).

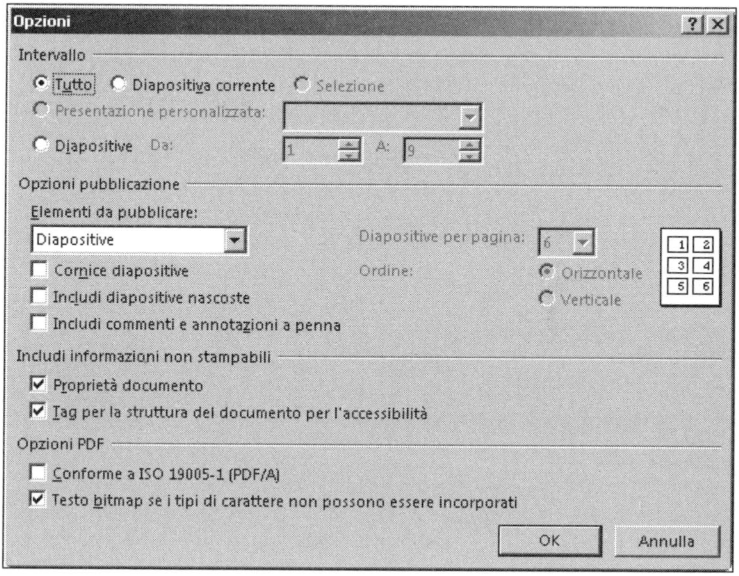

Figura 9.13 Le opzioni per l'esportazione in PDF/XPS.

Alcune sono simili o identiche alle opzioni per la stampa (come la scelta delle diapositive e degli elementi da pubblicare), altre riguardano questioni di sicurezza, legali e di accessibilità dei contenuti.

A titolo di esempio è possibile:

- eliminare le proprietà del documento;
- aggiungere tag per rendere il documento accessibile;
- per i PDF, utilizzare lo standard PDF/A, che rende immutabili nel tempo i contenuti del file;
- trasformare il testo in bitmap, affinché non subisca variazioni sui computer in cui il tipo di carattere usato per creare la presentazione non è disponibile.

Creazione di pacchetti

Le presentazioni più avanzate utilizzano immagini, file audio e tipi di carattere che potrebbero non essere disponibili su tutti i computer.

Le informazioni per l'uso del comando precedente a questo, destinato alla creazione di filmati, sono disponibili nel capitolo precedente.

Se si desidera inviare il file di PowerPoint creato a un'altra persona e si vuole la certezza che tale utente disponga di tutto il contenuto necessario, è possibile creare un pacchetto di presentazione da trasferire poi su un CD.

Per effettuare questa operazione la procedura è la seguente.

1. Fare clic sulla scheda *File*.
2. Selezionare *Esporta*.
3. Fare clic su *Crea pacchetto presentazione per CD*.
4. Fare clic su *Pacchetto per CD*.

La generazione del gruppo di file può avvenire direttamente su CD oppure in una cartella il cui nome predefinito è quello della presentazione stessa. Nella cartella vengono salvati i file selezionati dall'utente, alcuni elementi grafici e appositi file che gestiscono l'avvio automatico del CD e la visualizzazione del suo contenuto (Figura 9.14).

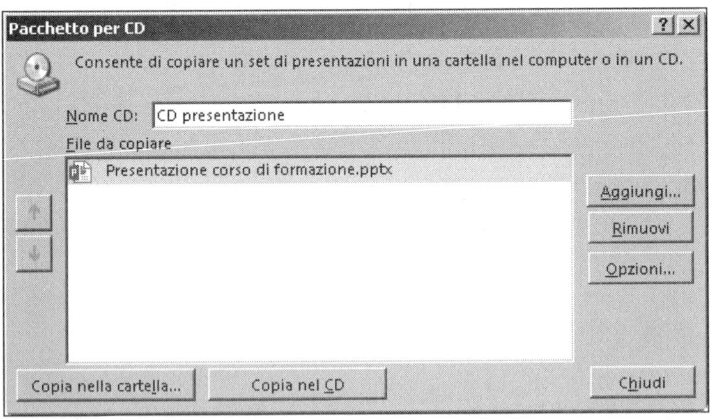

Figura 9.14 La creazione di un pacchetto di presentazione.

Tra le opzioni di creazione, che è possibile visualizzare facendo clic sul pulsante *Opzioni*, PowerPoint permette di impostare due password per proteggere la presentazione, una per l'apertura del file e l'altra per la modifica. Facendo clic su *Copia nella cartella* viene creata una cartella nella posizione specificata, contenente una serie di file necessari per l'esecuzione della presentazione (Figura 9.15). Chiaramente, se si seleziona *Copia nel CD*, questi file vengono copiati direttamente sul CD, anziché in una cartella.

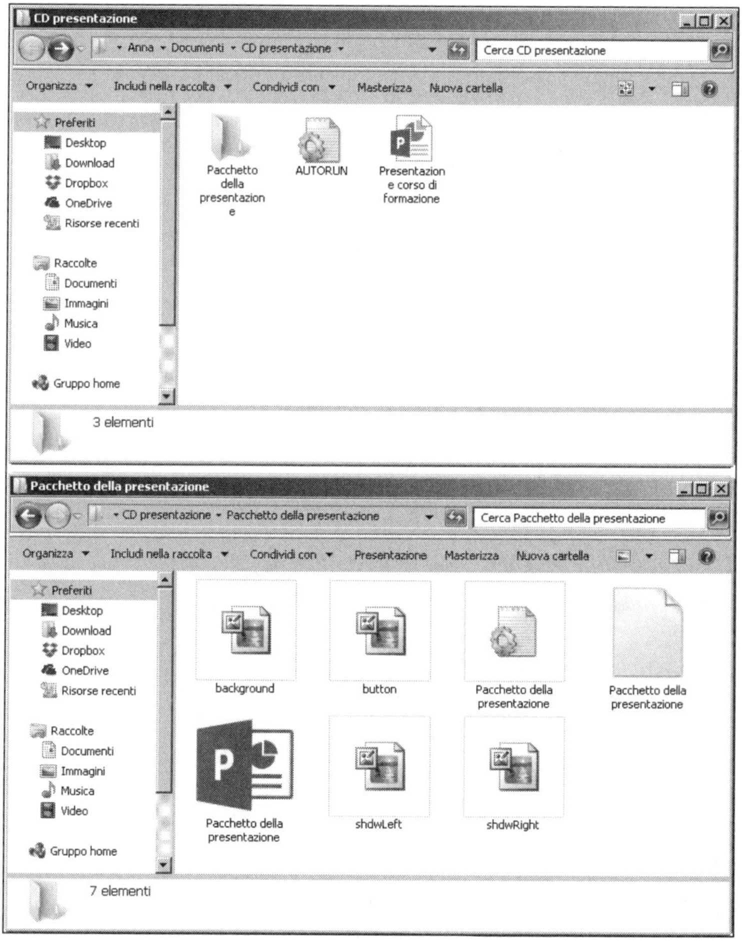

Figura 9.15 I file del pacchetto di presentazione.

I file inseriti nel pacchetto sono il file .pptx della presentazione, un file che consente l'avvio automatico del CD (autorun.inf) e una cartella *Pacchetto della presentazione*, che a sua volta contiene le immagini, i file audio e i tipi di carattere utilizzati nella presentazione, nonché un file HTML (con alcuni file associati) che, se aperto, permette di scaricare il visualizzatore di PowerPoint.

Il visualizzatore di PowerPoint è uno strumento gratuito che permette di visualizzare le presentazioni anche sui computer su cui non è installato PowerPoint.

File per Word

Come ulteriore forma di gestione per operare meglio in gruppi di lavoro, PowerPoint permette di creare un file .docx, il formato predefinito per i documenti di testo creati con Microsoft Word dalla versione 2007 in poi, a partire dal contenuto della presentazione.

La procedura è la seguente.

1. Fare clic su *File > Esporta*.
2. Selezionare *Crea stampati*.
3. Fare clic sul pulsante *Crea stampati* a destra.

Viene così visualizzata la finestra *Invia a Microsoft Word* (Figura 9.16), contenente un elenco dei tipi di documenti generabili con accanto una casella di controllo. Per ognuno di essi viene visualizzata una miniatura che ne rappresenta schematicamente l'aspetto.

Nel file di Word si può scegliere di riversare uno dei contenuti elencati di seguito.

- Le diapositive con le note del relatore accanto.
- Le diapositive con accanto gruppi di righe vuote.
- Le diapositive con sotto le note del relatore.
- Le diapositive con sottogruppi di righe vuote.
- La struttura della presentazione.

Come ulteriore opzione, si può scegliere di inserire direttamente l'immagine delle diapositive nel documento o solo un collegamento alle stesse.

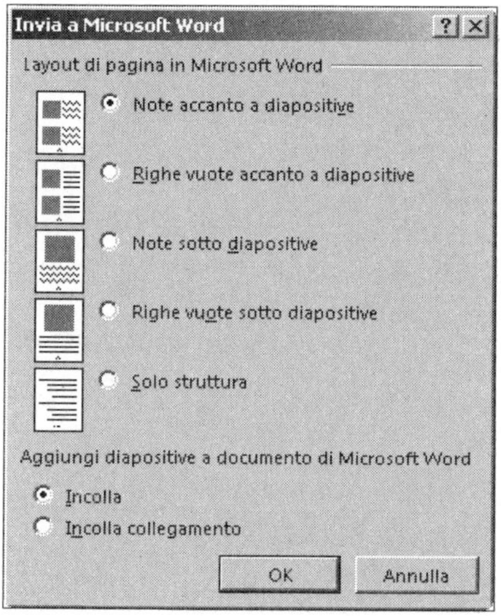

Figura 9.16 Le opzioni per l'esportazione in Word.

Dopo aver selezionato il tipo di documento da creare, è sufficiente fare clic su *OK* per aprire una sessione di Microsoft Word, nella cui finestra di lavoro cominciano ad apparire una dopo l'altra le diapositive con i contenuti richiesti dall'utente.